中华人民共和国国家标准

小型火力发电厂设计规范

Code for design of small fossil fired power plant

GB 50049 - 2011

主编部门：中 国 电 力 企 业 联 合 会
批准部门：中华人民共和国住房和城乡建设部
施行日期：２０１１年１２月１日

中国计划出版社

2011　北　京

中华人民共和国国家标准
小型火力发电厂设计规范
GB 50049-2011
☆
中国计划出版社出版发行
网址：www.jhpress.com
地址：北京市西城区木樨地北里甲 11 号国宏大厦 C 座 3 层
邮政编码：100038　电话：(010) 63906433 (发行部)
北京市科星印刷有限责任公司印刷

850mm×1168mm　1/32　10 印张　255 千字
2011 年 11 月第 1 版　2020 年 11 月第 7 次印刷
☆
统一书号：1580177·683
定价：55.00 元

版权所有　侵权必究
侵权举报电话：(010) 63906404
如有印装质量问题，请寄本社出版部调换

中华人民共和国住房和城乡建设部公告

第881号

关于发布国家标准 《小型火力发电厂设计规范》的公告

现批准《小型火力发电厂设计规范》为国家标准，编号为GB 50049—2011，自2011年12月1日起实施。其中，第7.2.4、7.4.7、21.1.5条为强制性条文，必须严格执行。原《小型火力发电厂设计规范》GB 50049—94同时废止。

本规范由我部标准定额研究所组织中国计划出版社出版发行。

中华人民共和国住房和城乡建设部
二〇一〇年十二月二十四日

前 言

本规范系根据原建设部《关于印发〈2006年工程建设标准规范制订、修订计划(第二批)〉的通知》(建标〔2006〕136号)的要求,由河南省电力勘测设计院会同有关单位在原《小型火力发电厂设计规范》GB 50049—94 的基础上修订完成的。

本规范共分24章和1个附录,主要内容有:总则、术语、基本规定、热(冷)电负荷、厂址选择、总体规划、主厂房布置、运煤系统、锅炉设备及系统、除灰渣系统、脱硫系统、脱硝系统、汽轮机设备及系统、水处理设备及系统、信息系统、仪表与控制、电气设备及系统、水工设施及系统、辅助及附属设施、建筑与结构、采暖通风与空气调节、环境保护和水土保持、劳动安全与职业卫生、消防。

本规范修订的主要技术内容是:

1. 适用范围增加为高温高压及以下参数、单机容量小于125MW、采用直接燃烧方式、主要燃用固体化石燃料的火力发电厂设计;
2. 增加了脱硫系统、脱硝系统的技术内容;
3. 增加了信息系统、水土保持、消防的技术内容。

本规范中以黑体字标志的条文为强制性条文,必须严格执行。

本规范由住房和城乡建设部负责管理和对强制性条文的解释,由中国电力企业联合会负责日常管理,河南省电力勘测设计院负责具体技术内容的解释。在执行过程中如有意见或建议,请寄送河南省电力勘测设计院(地址:河南省郑州市中原西路212号,邮政编码:450007)。

本规范主编单位、参编单位、主要起草人和主要审查人:

主 编 单 位:河南省电力勘测设计院

参编单位：湖南省电力勘测设计院
　　　　　浙江省电力设计院
　　　　　山东电力工程咨询院有限公司
主要起草人：娄金旗　庞　可　王成立　钱海平　王　葵
　　　　　韦迎旭　王宇新　张战涛　宋俊山　张军民
　　　　　郭红兵　郭西平　陈本柏　刘自力　刘怡君
　　　　　李柯伟　张卫灵　崔云素　许　伟　楼予嘉
　　　　　陈　晓　周　建　周志勇　于　昉　王瑞来
　　　　　张吉栋　唐爱良　何语平
主要审查人：郭晓克　黄宝德　王小京　郭亚丽　刘东亚
　　　　　苏云勇　王焕瑾　李江波　田蓉荣　黄　文
　　　　　陈　彬　程　建　胡　蔚　王振彪　蔡发明
　　　　　何维莎　李　钟　付剑波　金维勤　陈　曦
　　　　　葛四敏　曹和平　陈丽琳　周献林　林　抒
　　　　　甘家福　汤莉莉　黄　蓉　徐同社　陈　峥
　　　　　王洁如　刘明秋　徐正元　王晓军　马团生
　　　　　尉湘战　胡华强　李向东　张燕生　侯连成
　　　　　汤东升　张开军　邹效农

目 次

1 总 则 ………………………………………………（ 1 ）
2 术 语 ………………………………………………（ 2 ）
3 基本规定 ……………………………………………（ 4 ）
4 热(冷)电负荷 ………………………………………（ 6 ）
   4.1 热(冷)负荷和热(冷)介质 ……………………（ 6 ）
   4.2 电负荷 …………………………………………（ 9 ）
5 厂址选择 ……………………………………………（10）
6 总体规划 ……………………………………………（14）
   6.1 一般规定 ………………………………………（14）
   6.2 厂区内部规划 …………………………………（15）
   6.3 厂区外部规划 …………………………………（23）
7 主厂房布置 …………………………………………（25）
   7.1 一般规定 ………………………………………（25）
   7.2 主厂房布置 ……………………………………（25）
   7.3 检修设施 ………………………………………（28）
   7.4 综合设施 ………………………………………（29）
8 运煤系统 ……………………………………………（31）
   8.1 一般规定 ………………………………………（31）
   8.2 卸煤设施及厂外运输 …………………………（31）
   8.3 带式输送机系统 ………………………………（32）
   8.4 贮煤场及其设备 ………………………………（33）
   8.5 筛、碎煤设备 …………………………………（34）
   8.6 石灰石贮存与制备 ……………………………（35）
   8.7 控制方式 ………………………………………（35）

8.8　运煤辅助设施及附属建筑 ……………………………（35）
9　锅炉设备及系统 ……………………………………………（37）
　　9.1　锅炉设备 ……………………………………………（37）
　　9.2　煤粉制备 ……………………………………………（37）
　　9.3　烟风系统 ……………………………………………（42）
　　9.4　点火及助燃油系统 …………………………………（44）
　　9.5　锅炉辅助系统及其设备 ……………………………（46）
　　9.6　启动锅炉 ……………………………………………（47）
10　除灰渣系统 ………………………………………………（49）
　　10.1　一般规定 …………………………………………（49）
　　10.2　水力除灰渣系统 …………………………………（49）
　　10.3　机械除渣系统 ……………………………………（51）
　　10.4　干式除灰系统 ……………………………………（52）
　　10.5　灰渣外运系统 ……………………………………（53）
　　10.6　控制及检修设施 …………………………………（54）
　　10.7　循环流化床锅炉除灰渣系统 ……………………（54）
11　脱硫系统 …………………………………………………（55）
12　脱硝系统 …………………………………………………（59）
13　汽轮机设备及系统 ………………………………………（61）
　　13.1　汽轮机设备 ………………………………………（61）
　　13.2　主蒸汽及供热蒸汽系统 …………………………（62）
　　13.3　给水系统及给水泵 ………………………………（63）
　　13.4　除氧器及给水箱 …………………………………（64）
　　13.5　凝结水系统及凝结水泵 …………………………（66）
　　13.6　低压加热器疏水泵 ………………………………（67）
　　13.7　疏水扩容器、疏水箱、疏水泵与低位水箱、低位水泵 ………（68）
　　13.8　工业水系统 ………………………………………（68）
　　13.9　热网加热器及其系统 ……………………………（70）
　　13.10　减温减压装置 ……………………………………（73）

13.11　蒸汽热力网的凝结水回收设备 …………………………（73）
　13.12　凝汽器及其辅助设施 ………………………………………（74）
14　水处理设备及系统 …………………………………………………（75）
　14.1　水的预处理 ……………………………………………………（75）
　14.2　水的预除盐 ……………………………………………………（77）
　14.3　锅炉补给水处理 ………………………………………………（78）
　14.4　热力系统的化学加药和水汽取样 ……………………………（80）
　14.5　冷却水处理 ……………………………………………………（81）
　14.6　热网补给水及生产回水处理 …………………………………（82）
　14.7　药品贮存和溶液箱 ……………………………………………（82）
　14.8　箱、槽、管道、阀门设计及其防腐 …………………………（82）
　14.9　化验室及仪器 …………………………………………………（83）
15　信息系统 ……………………………………………………………（84）
　15.1　一般规定 ………………………………………………………（84）
　15.2　全厂信息系统的总体规划 ……………………………………（84）
　15.3　管理信息系统（MIS） ………………………………………（85）
　15.4　报价系统 ………………………………………………………（86）
　15.5　视频监视系统 …………………………………………………（86）
　15.6　门禁管理系统 …………………………………………………（86）
　15.7　布线 ……………………………………………………………（87）
　15.8　信息安全 ………………………………………………………（87）
16　仪表与控制 …………………………………………………………（88）
　16.1　一般规定 ………………………………………………………（88）
　16.2　控制方式及自动化水平 ………………………………………（88）
　16.3　控制室和电子设备间布置 ……………………………………（89）
　16.4　测量与仪表 ……………………………………………………（90）
　16.5　模拟量控制 ……………………………………………………（92）
　16.6　开关量控制及联锁 ……………………………………………（93）
　16.7　报警 ……………………………………………………………（93）

16.8	保护	(94)
16.9	控制系统	(95)
16.10	控制电源	(96)
16.11	电缆、仪表导管和就地设备布置	(96)
16.12	仪表与控制实验室	(97)

17 电气设备及系统 (99)

17.1	发电机与主变压器	(99)
17.2	电气主接线	(100)
17.3	交流厂用电系统	(102)
17.4	高压配电装置	(104)
17.5	直流电源系统及交流不间断电源	(104)
17.6	电气监测与控制	(106)
17.7	电气测量仪表	(109)
17.8	元件继电保护和安全自动装置	(109)
17.9	照明系统	(109)
17.10	电缆选择与敷设	(110)
17.11	过电压保护与接地	(110)
17.12	电气实验室	(111)
17.13	爆炸火灾危险环境的电气装置	(111)
17.14	厂内通信	(111)
17.15	系统保护	(112)
17.16	系统通信	(112)
17.17	系统远动	(113)
17.18	电能量计量	(113)

18 水工设施及系统 (114)

18.1	水源和水务管理	(114)
18.2	供水系统	(115)
18.3	取水构筑物和水泵房	(117)
18.4	输配水管道及沟渠	(118)

18.5	冷却设施	(119)
18.6	外部除灰渣系统及贮灰场	(121)
18.7	给水排水	(124)
18.8	水工建(构)筑物	(125)

19 辅助及附属设施 ………………………………… (127)
20 建筑与结构 ……………………………………… (130)
   20.1　一般规定 ………………………………… (130)
   20.2　抗震设计 ………………………………… (131)
   20.3　主厂房结构 ……………………………… (132)
   20.4　地基与基础 ……………………………… (132)
   20.5　采光和自然通风 ………………………… (133)
   20.6　建筑热工及噪声控制 …………………… (134)
   20.7　防排水 …………………………………… (134)
   20.8　室内外装修 ……………………………… (135)
   20.9　门和窗 …………………………………… (135)
   20.10　生活设施 ……………………………… (136)
   20.11　烟囱 …………………………………… (136)
   20.12　运煤构筑物 …………………………… (136)
   20.13　空冷凝汽器支承结构 ………………… (137)
   20.14　活荷载 ………………………………… (137)

21 采暖通风与空气调节 …………………………… (143)
   21.1　一般规定 ………………………………… (143)
   21.2　主厂房 …………………………………… (145)
   21.3　电气建筑与电气设备 …………………… (146)
   21.4　运煤建筑 ………………………………… (147)
   21.5　化学建筑 ………………………………… (148)
   21.6　其他辅助及附属建筑 …………………… (149)
   21.7　厂区制冷、加热站及管网 ……………… (149)

22 环境保护和水土保持 …………………………… (152)

22.1 一般规定 …………………………………………… (152)
  22.2 环境保护和水土保持设计要求 …………………… (152)
  22.3 各类污染源治理原则 ……………………………… (153)
  22.4 环境管理和监测 …………………………………… (155)
  22.5 水土保持 …………………………………………… (155)
23 劳动安全与职业卫生 …………………………………… (156)
  23.1 一般规定 …………………………………………… (156)
  23.2 劳动安全 …………………………………………… (156)
  23.3 职业卫生 …………………………………………… (157)
24 消 防 …………………………………………………… (159)
附录 A 水质全分析报告 ………………………………… (160)
本规范用词说明 …………………………………………… (161)
引用标准名录 ……………………………………………… (162)
附：条文说明 ……………………………………………… (165)

Contents

1 General provisions (1)
2 Terms (2)
3 Basic requirement (4)
4 Heating(cooling) and electrical load (6)
    4.1 Heating(cooling) load and heating(cooling) medium (6)
    4.2 Electrical load (9)
5 Site selection (10)
6 Overall planning (14)
    6.1 General requirement (14)
    6.2 Plant area planning (15)
    6.3 Off-site facilities planning (23)
7 Main power building arrangement (25)
    7.1 General requirement (25)
    7.2 Main power building arrangement (25)
    7.3 Maintenance and repair facilities (28)
    7.4 Integrated facilities (29)
8 Coal handling system (31)
    8.1 General requirement (31)
    8.2 Coal unloading facilities and off-site transport (31)
    8.3 Belt conveyor system (32)
    8.4 Coal storage yard and its equipments (33)
    8.5 Coal screening and crushing equipment (34)
    8.6 Limestone storage and limestone pulverizing system (35)
    8.7 Coal handling control mode (35)

8.8　Coal handling auxiliary facilities and ancillary buildings …… (35)
9　Boiler equipment and system ……………………………… (37)
   9.1　Boiler equipment ……………………………………… (37)
   9.2　Pulverized coal making ……………………………… (37)
   9.3　Flue gas and air system ……………………………… (42)
   9.4　Fuel oil system for Ignition and combustion stabilization ……………………………………………… (44)
   9.5　Boiler auxiliary system and its equipments ………… (46)
   9.6　Auxiliary boiler ……………………………………… (47)
10　Fly ash and bottom ash removed system …………… (49)
   10.1　General requirement ………………………………… (49)
   10.2　Fly ash and bottom ash removed hydraulic system ……… (49)
   10.3　Bottom ash removed mechanical system ………………… (51)
   10.4　Dry ash removed system ……………………………… (52)
   10.5　Fly ash and bottom ash transportation system ………… (53)
   10.6　Control mode and maintenance facilities ………………… (54)
   10.7　Fly ash and bottom ash removed system of CFB boiler ……………………………………………………… (54)
11　Desulfuration system ……………………………………… (55)
12　Denitration system ………………………………………… (59)
13　Steam turbine equipment and system ………………… (61)
   13.1　Steam turbine equipment …………………………… (61)
   13.2　Main steam system and heat supplying steam system …… (62)
   13.3　Feedwater system and feedwater pump ………………… (63)
   13.4　Deaerator and feedwater tank ………………………… (64)
   13.5　Condensate system and condensate pump ……………… (66)
   13.6　Water draining pump of low pressure heater ………… (67)
   13.7　Water draining expandor, water draining tank, water draining pump and low tank, low pump ……………… (68)

13.8 Service water cooling system ········· (68)

13.9 Thermal network heater and its systems ········· (70)

13.10 Desuperheating and reducing device ········· (73)

13.11 Condensate water return device of steam network ········· (73)

13.12 Condenser and its auxiliary facilities ········· (74)

14 Water treatment equipment and system ········· (75)

14.1 Water pretreatment system ········· (75)

14.2 Water pre-desalination system ········· (77)

14.3 Boiler make-up water treatment system ········· (78)

14.4 Chemical dosing and water-steam sampling of thermal system ········· (80)

14.5 Cooling water treatment system ········· (81)

14.6 Water treatment system for thermal network make-up water and industrial return water ········· (82)

14.7 Chemical storage and solution tank ········· (82)

14.8 Tank, slot, pipe, valve design and corrosion resistant ········· (82)

14.9 Chemical laboratory and instrument ········· (83)

15 Information system ········· (84)

15.1 General requirement ········· (84)

15.2 Overall plan of whole plant information system ········· (84)

15.3 Management information system ········· (85)

15.4 Price proposing system ········· (86)

15.5 Video monitoring system ········· (86)

15.6 Entrance guarding management system ········· (86)

15.7 Wire layout ········· (87)

15.8 Information safety ········· (87)

16 Instrument and control ········· (88)

16.1 General requirement ········· (88)

· 9 ·

16.2	Control mode and level of automation	(88)
16.3	Control room and electric equipment room	(89)
16.4	Measurement and instrument	(90)
16.5	Analog control	(92)
16.6	Binary control and interlocking	(93)
16.7	Alarm	(93)
16.8	Protection	(94)
16.9	Control system	(95)
16.10	On-off control	(96)
16.11	Cable and instrument tube and arrangement of local equipment	(96)
16.12	Instrument and control laboratory	(97)
17	Electrical equipment and system	(99)
17.1	Generator and main transformer	(99)
17.2	Main electrical connection scheme	(100)
17.3	AC auxiliary power system	(102)
17.4	High voltage switchgear arrangement	(104)
17.5	DC system and AC uninterruptible power supply	(104)
17.6	Electrical monitoring and control	(106)
17.7	Electrical measurement and instrument	(109)
17.8	Component protection and security automatic equipment	(109)
17.9	Lighting system	(109)
17.10	Cable selection and cable laying	(110)
17.11	Overvoltage protection and grounding system	(110)
17.12	Electrical laboratory	(111)
17.13	Electrical equipment in the explosive and fire danger area	(111)
17.14	In-plant communication	(111)

17.15	Electric power system protection	(112)
17.16	Electric power system communication	(112)
17.17	Electric power system automation	(113)
17.18	Electric energy measurement system	(113)
18	Water supply facilities and system	(114)
18.1	Water source and water management	(114)
18.2	Water supply system	(115)
18.3	Water intake structure and pump house	(117)
18.4	Piping and culvert	(118)
18.5	Cooling facilities	(119)
18.6	Off-site fly ash and bottom ash removed system and ash storage yard	(121)
18.7	Water supply and water drainage	(124)
18.8	Water supply system buildings	(125)
19	Auxiliary and ancillary facilities	(127)
20	Architechure and structure	(130)
20.1	General requirement	(130)
20.2	Seismic resistant design	(131)
20.3	Main power building structure	(132)
20.4	Founding base and foundation	(132)
20.5	Daylighting and natural ventilation	(133)
20.6	Thermal engineering and noise control in building	(134)
20.7	Water proof and drainage	(134)
20.8	Indoor and outdoor decoration	(135)
20.9	Door and window	(135)
20.10	Life facilities	(136)
20.11	Chimney	(136)
20.12	Coal conveying building	(136)
20.13	Supporting structure of air cooling condenser	(137)

20.14	Live load	(137)
21	Heating, ventilation and air conditioning	(143)
21.1	General requirement	(143)
21.2	Main power building	(145)
21.3	Electrical buildings and electrical equipments	(146)
21.4	Coal handling building	(147)
21.5	Chemical buildings	(148)
21.6	Other auxiliary and ancillary buildings	(149)
21.7	Plant cooling and heating station and pipe network	(149)
22	Environmental protection and water-soil conservation	(152)
22.1	General requirement	(152)
22.2	Design requirements of environmental protection and water-soil conservation	(152)
22.3	Various pollution control principle	(153)
22.4	Management and monitoring of environmental protection	(155)
22.5	Water-soil conservation	(155)
23	Labor safety and occupational health	(156)
23.1	General requirement	(156)
23.2	Labor safety	(156)
23.3	Occupational health	(157)
24	Fire fighting	(159)
Appendix A	Water quality analysis report	(160)
Explanation of wording in this code		(161)
List of quoted standards		(162)
Addition: Explanation of provisions		(165)

1 总 则

1.0.1 为了使小型火力发电厂(以下简称发电厂)在设计方面满足安全可靠、技术先进、经济适用、节约能源、保护环境的要求,制定本规范。

1.0.2 本规范适用于高温高压及以下参数、单机容量在125MW以下、采用直接燃烧方式、主要燃用固体化石燃料的新建、扩建和改建火力发电厂的设计。

1.0.3 小型火力发电厂的设计除应符合本规范外,尚应符合国家现行有关标准的规定。

2 术　　语

2.0.1 热化系数　thermalization coefficient

供热机组的额定供热量(扣除自用汽热量)与最大设计热负荷之比。

2.0.2 同时率　simultaneity factor

同时率为区域(企业)最大热负荷与各用户(各车间)的最大热负荷总和的比。

2.0.3 微滤　micro filtration

系膜式分离技术,过滤精度在 $0.1\mu m \sim 1.0\mu m$ 范围之内。

2.0.4 超滤　ultra filtration

系膜式分离技术,过滤精度在 $0.01\mu m \sim 0.1\mu m$ 范围之内。

2.0.5 在线式 UPS　on line UPS

不管交流工作电源正常与否,逆变器一直处于工作状态,当交流工作电源故障时,逆变器能通过直流电源逆变保证负荷的不间断供电,且其输出为交流正弦波的不间断电源装置。

2.0.6 电气监控管理系统　electrical control and management system

基于现场总线技术,采用开放式、分布式的网络结构,对发电厂的发电机变压器组、高低压厂用电源等电气设备进行监控和管理的计算机系统,简称 ECMS。

2.0.7 电力网络计算机监控系统　network computerized control system

基于现场总线技术,采用开放式、分布式的网络结构,对升压站的电力网络系统或设备进行监控和管理的计算机系统,简称 NCCS。

2.0.8 操作员站　operator station
控制系统中安装在控制室供运行操作人员进行监视和控制的人机接口设备。

2.0.9 并联切换　parallel change-over
发电厂高压工作电源断路器跳闸与备用电源断路器合闸指令同时发出的切换。

2.0.10 快速切换　high speed change-over
发电厂高压厂用电源事故切换时间不大于100ms的厂用电切换。

2.0.11 工程师站　engineer station
控制系统中安装在控制室或其他场所，供编程组态人员进行逻辑、画面、参数修改的人机接口设备。

2.0.12 空冷散热器　air cooled heat exchangers
以空气作为冷却介质，使间接空冷系统循环水被冷却的一种散热设备。

2.0.13 空冷凝汽器　air cooled condensers
以空气作为冷却介质，使汽轮机的排汽直接冷却凝结成水的一种散热设备。

2.0.14 干旱指数　drought exponent
某地区年蒸发能力和年降雨量的比值。

2.0.15 严寒地区　severe cold region
累年最冷月平均温度（即冬季通风室外计算温度）不高于零下10℃的地区。

2.0.16 寒冷地区　cold region
累年最冷月平均温度（即冬季通风室外计算温度）不高于0℃但高于零下10℃的地区。

3 基本规定

3.0.1 发电厂的设计必须符合国家法律、法规及节约能源、保护环境等相关政策要求。

3.0.2 发电厂的设计应按照基本建设程序进行，其内容深度应符合国家现行有关标准的要求。

3.0.3 发电厂的类型应符合下列规定：

  1 根据城市集中供热规划、热电联产规划，考虑热负荷的特性和大小，在经济合理的供热范围内，建设供热式发电厂（以下简称热电厂）。

  2 根据企业热电负荷的需要，建设适当规模的企业自备热电厂。

  3 在电网很难到达的地区，应优先建设小水电或可再生能源的发电厂；当不具备小水电和可再生能源条件时，且当地煤炭资源丰富、交通不便的缺电地区或无电地区，根据城镇地区电力规划，因地制宜地建设适当规模的凝汽式发电厂。

  4 在有条件的地区，宜推广热、电、冷三联供热电厂。

3.0.4 发电厂机组压力参数的选择，宜近、远期统一考虑，并宜符合下列规定：

  1 热电厂单机容量25MW级及以上抽汽机组和12MW背压机组，宜选用高压参数；单机容量为12MW的抽汽机组和6MW背压机组宜选用高压、次高压或中压参数；单机容量为6MW及以下机组宜选用中压参数。

  2 凝汽式发电厂单机容量50MW级及以上，宜选用高压参数；单机容量为50MW级以下，宜选用次高压或中压参数。

  3 在同一发电厂内的机组宜采用同一种参数。

3.0.5 发电厂的设计应符合国家电力发展和企业发展规划的要求,热电厂的设计应符合城市集中供热规划和热电联产规划的要求,企业自备热电厂的设计应符合企业工艺系统对供热参数的要求。

3.0.6 发电厂的设计应充分合理利用厂址资源条件,按规划容量进行总体规划。

3.0.7 扩建和改建发电厂的设计应结合原有总平面布置、原有生产系统的设备布置、原有建筑结构和运行管理经验等方面的特点统筹考虑。

3.0.8 企业应统筹规划企业自备发电厂的设计,发电厂不应设置重复的系统、设备或设施。

3.0.9 发电厂的工艺系统设计寿命应按照 30 年设计。

4 热(冷)电负荷

4.1 热(冷)负荷和热(冷)介质

4.1.1 热电厂的热负荷应在城镇地区热力规划的基础上经调查核实后确定。企业自备热电厂的热负荷应按企业规划要求的供热量确定。

4.1.2 热电厂的规划容量和分期建设的规模应根据调查落实的近期和远期的热负荷以及本地区的热电联产规划确定。

4.1.3 热电厂的经济合理供热范围应根据热负荷的特性、分布、热源成本、热网造价和供热介质参数等因素,通过技术经济比较确定。蒸汽管网的输送距离不宜超过8km,热水管网的输送距离不宜超过20km。

4.1.4 确定设计热负荷应调查供热范围内的热源概况、热源分布、供热量和供热参数等,并应符合下列规定:

1 工业用汽热负荷应调查和收集各热用户现状和规划的热负荷的性质、用汽参数、用汽方式、用热方式、回水情况及最近一年内逐月的平均用汽量和用汽小时数,按各热用户不同季节典型日的小时用汽量,确定冬季和夏季的最大、最小和平均的小时用汽量。对主要热用户应绘制出不同季节的典型日的热负荷曲线和年持续热负荷曲线。

2 采暖热负荷应收集供热范围内近期、远期采暖用户类型,分别计算采暖面积及采暖热指标。采暖热负荷应符合下列规定:

　　1)应根据当地气象资料,计算从起始温度到采暖室外计算温度的各室外温度相应的小时热负荷和采暖期的平均热负荷,绘制采暖年负荷曲线,并应计算出最大热负荷的利用小时数及平均热负荷的利用小时数。

　　2）当采暖建筑物设有通风、空调热负荷时,应在计算的采暖热负荷中加上该建筑物通风、空调加热新风需要的热负荷。

　　3）采暖指标应符合现行行业标准《城市热力网设计规范》CJJ 34 的有关规定。

　3 生活热水的热负荷应收集住宅和公共建筑的面积、生活热水热指标等,并应计算生活热水的平均热负荷和最大热负荷。

4.1.5 夏季宜发展热力制冷热负荷。制冷热负荷应根据制冷建筑物的面积、热工特性、气象资料以及制冷工艺对热介质的要求确定。

4.1.6 经过调查核实的热用户端的不同季节的最大、最小和平均用汽量及用汽参数,应按焓值和管道的压降及温降折算成发电厂端的供汽参数、供汽流量或供汽量。采暖热负荷和生活热水热负荷,当按照指标统计时,不应再计算热水网损失。

4.1.7 对热用户进行热负荷叠加时,同时率的取用应符合下列规定:

　1 对有稳定生产热负荷的主要热用户,在取得其不同季节的典型日热负荷曲线的基础上,进行热负荷叠加时,不应计算同时率。

　2 对生产热负荷量较小或无稳定生产热负荷的次要热用户,在进行最大热负荷叠加时,应乘以同时率。

　3 采暖热负荷及用于生活的空调制冷热负荷和生活热水热负荷进行叠加时,不应计算同时率。

　4 同时率数值宜取 0.7～0.9。热负荷较平稳的地区取大值,反之取小值。

4.1.8 供热机组的选型和发电厂热经济指标的计算,应根据发电厂端绘制的采暖期和非采暖期蒸汽和热水的典型日负荷曲线,以及总耗热量的年负荷持续曲线确定。

4.1.9 热电厂的供热(冷)介质应按下列原则确定：

1 当用户主要生产工艺需蒸汽供热时，应采用蒸汽供热介质。

2 当多数用户生产工艺需热水介质，少数用户可由热水介质转化为蒸汽介质，经技术经济比较合理时，宜采用热水供热介质。

3 单纯对民用建筑物供采暖通风、空调及生活热水的热负荷，应采用热水供热介质。

4 当用户主要生产工艺必须采用蒸汽供热，同时又供大量的民用建筑采暖通风、空调及生活热水热负荷时，应采用蒸汽和热水两种供热介质。当仅供少量的采暖通风、空调热负荷时，经技术经济比较合理时，可采用蒸汽一种介质供热。

5 用于供冷的介质通常为冷水。

4.1.10 供热(冷)介质参数的选择应符合下列规定：

1 根据热用户端生产工艺需要的蒸汽参数，按焓值和管道的压降及温降折算成热电厂端的供汽参数，应经技术经济比较后选择最佳的汽轮机排汽参数或抽汽参数。

2 热水热力网最佳设计供水温度、回水温度，应根据具体工程条件，综合热电厂、管网、热力站、热用户二次供热系统等方面的因素，进行技术经济比较后确定。当不具备确定最佳供水温度、回水温度的技术经济比较条件时，热水热力网的供水温度、回水温度可按下列原则确定：

1) 通过热力站与用户间连接供热的热力网，热电厂供水温度可取110℃～150℃。采用基本加热器的取较小值，采用基本加热器串联尖峰加热器(包括串联尖峰锅炉)的取较大值。回水温度可取60℃～70℃。

2) 直接向用户供热水负荷的热力网，热电厂供水温度可取95℃左右，回水温度可取65℃～70℃。

3) 供冷冷水的供水温度：5℃～9℃，宜为7℃。供冷冷水的回水温度：10℃～14℃，宜为12℃。

4.1.11 蒸汽热力网的用户端,当采用间接加热时,其凝结水回收率应达80%以上。用户端的凝结水回收方式与回收率应根据水质、水量、输送距离和凝结水管道投资等因素进行综合技术经济比较后确定。

4.2 电 负 荷

4.2.1 建设单位应向设计单位提供建厂地区近期及远期的逐年电力负荷资料,应详细说明负荷的分布情况。电力负荷资料应包括下列内容:

1 地区逐年总的电力负荷和电量需求。
2 地区第一、第二、第三产业和居民生活逐年用电负荷。
3 现有及新增主要电力用户的生产规模、主要产品及产量、耗电量、用电负荷组成及其性质、最大用电负荷及其利用小时数、一级用电负荷比重等详细情况。

4.2.2 对电力负荷资料应进行复查,对用电负荷较大的用户应分析核实。

4.2.3 根据建厂地区内的电源发展规划和电力负荷资料,作出近期及远期各水平年的地区电力平衡。必要时应作出电量平衡。

5 厂址选择

5.0.1 发电厂的厂址选择应符合下列规定：

1 发电厂的厂址应满足电力规划、城乡规划、土地利用规划、燃料和水源供应、交通运输、接入系统、热电联产与供热管网规划、环境保护与水土保持、机场净空、军事设施、矿产资源、文物保护、风景名胜与生态保护、饮用水源保护等方面的要求。

2 在选址工作中，应从大局出发，正确处理与相邻农业、工矿企业、国防设施、居民生活、热用户以及电网各方面的关系，并对区域经济和社会影响进行分析论证。

3 发电厂的厂址选择应研究电网结构、电力和热力负荷、集中供热规划、燃煤供应、水源、交通、燃料及大件设备的运输、环境保护、灰渣处理、出线走廊、供热管线、地形、地质、地震、水文、气象、用地与拆迁、施工以及周边企业对发电厂的影响等因素，应通过技术经济比较和经济效益分析，对厂址进行综合论证和评价。

4 企业自备热电厂的厂址宜靠近企业的热力和电力负荷中心。应在企业的选厂阶段统一规划。

5 热电厂的厂址宜靠近用户的热力负荷中心。

5.0.2 选择发电厂厂址时，水源应符合下列规定：

1 供水水源必须落实、可靠。在确定水源的给水能力时，应掌握当地农业、工业和居民生活用水情况，以及水利、水电规划对水源变化的影响。

2 采用直流供水的电厂宜靠近水源。并应考虑取排水对水域航运、环境、养殖、生态和城市生活用水等的影响。

3 取水口位置选择的相应要求。当采用江、河作为供水水源时，其取水口位置必须选择在河床全年稳定的地段，且应避免泥砂、草木、冰凌、漂流杂物、排水回流等的影响。

   4 当考虑地下水作为水源时,应进行水文地质勘探,按照国家和电力行业现行的供水水文地质勘察规范的要求,提出水文地质勘探评价报告,并应得到有关水资源主管部门的批准。

5.0.3 选择发电厂厂址时,厂址自然条件应符合下列规定:

   1 发电厂的厂址不应设在危岩、滑坡、岩溶发育、泥石流地段、发震断裂地带。当厂址无法避开地质灾害易发区时,在工程选厂阶段应进行地质灾害危险性评价工作,综合评价地质灾害危险性的程度,提出建设场地适宜性的评价意见,并采取相应的防范措施。

   2 发电厂的厂址应充分考虑节约集约用地,宜利用非可耕地和劣地,还应注意拆迁房屋,减少人口迁移。

   3 山区发电厂的厂址宜选在较平坦的坡地或丘陵地上,还应注意不应破坏原有水系、森林、植被,避免高填深挖,减少土石方和防护工程量。

   4 发电厂的厂址宜选择在其附近城市(镇)居民居住区、生活水源地常年最小频率风向的上风侧。

5.0.4 确定发电厂厂址标高和防洪、防涝堤顶标高时,应符合下列规定:

   1 厂址标高应高于重现期为50年一遇的洪水位。当低于上述标准时,厂区必须有排洪(涝)沟、防洪(涝)围堤、挡水围墙或其他可靠的防洪(涝)设施,应在初期工程中按规划规模一次建成。

   2 主厂房区域的室外地坪设计标高,应高于50年一遇的洪水位以上0.5m。厂区其他区域的场地标高不应低于50年一遇的洪水位。当厂址标高高于设计水位,但低于浪高时可采取以下措施:

   1)厂外布置排泻洪渠道;
   2)厂内加强排水系统的设置;
   3)布置防浪围墙,墙顶标高应按浪高确定。

3 对位于江、河、湖旁的发电厂,其防洪堤的堤顶标高应高于50年一遇的洪水位0.5m。当受风、浪、潮影响较大时,尚应再加重现期为50年的浪爬高。防洪堤的设计应征得当地水利部门的同意。

　　4 对位于海滨的发电厂,其防洪堤的堤顶标高,应按50年一遇的高水位或潮位,加重现期50年累积频率1%的浪爬高和0.5m的安全超高确定。

　　5 在以内涝为主的地区建厂时,防涝围堤堤顶标高应按50年一遇的设计内涝水位(当难以确定时,可采用历史最高内涝水位)加0.5m的安全超高确定。如有排涝设施时,应按设计内涝水位加0.5m的安全超高确定。围堤应在初期工程中一次建成。

　　6 对位于山区的发电厂,应考虑防山洪和排山洪的措施,防排洪设施可按频率为1%的标准设计。

　　7 企业自备发电厂的防洪标准应与所在企业的防洪标准相协调。

5.0.5 选择发电厂厂址时,应对厂址及其周围区域的地质情况进行调查和勘探,为确定厂址、解决岩土工程问题提供基础资料。当地质条件合适时,建筑物和构筑物宜采用天然基础,应把主厂房及荷载较大的建(构)筑物布置在承载力较高的地段上。

5.0.6 发电厂厂址的抗震设防烈度可采用现行国家标准《中国地震动参数区划图》GB 18306 划分的地震基本烈度。对已编制抗震设防区划的城市,应按批准的抗震设防烈度或设计地震动参数进行抗震设防。

5.0.7 选择发电厂厂址时,应结合灰渣综合利用情况选定贮灰场。贮灰场的设计应符合下列规定:

　　1 贮灰场宜靠近厂区,宜利用厂区附近的山谷、洼地、滩涂、塌陷区、废矿井等建造贮灰场,并宜避免多级输送。

　　2 贮灰场不应设在当地水源地或规划水源保护区范围内。对大气环境、地表水、地下水的污染必须有防护措施,并应满足当地环保要求。

3 当采用山谷贮灰场时,应选择筑坝工程量小、布置防排洪构筑物有利的地形构筑贮灰场;应避免贮灰场灰水对附近村庄的居民生活带来危害,采取措施防止其泄洪构筑物在泄洪期对下游造成不利的影响,并应充分利用当地现有的防洪设施;应有足够的筑坝材料,尽量考虑利用灰渣分期筑坝的可能条件。

4 当灰渣综合利用不落实时,初期贮灰场总贮量应满足初期容量存放 5 年的灰渣量。规划的贮灰场总贮量应满足规划容量存放 10 年的灰渣量。

5 当有部分灰渣综合利用时,应扣除同期综合利用的灰渣量来选定贮灰场。当灰渣全部综合利用时,应按综合利用可能中断的最长持续期间内的灰渣排除量来选定缓冲调节贮灰场。

5.0.8 选择发电厂厂址时,应根据系统规划、输电出线方向、电压等级与回路数、厂址附近地形、地貌和障碍物等条件,按规划容量统一安排,并且避免交叉。高压输电线应避开重要设施,不宜跨越建筑物,当不可避开时,相互间应有足够的防护间距。

5.0.9 供热管线的布置和规划走廊应与厂区总体规划相协调,不应影响厂区的交通运输、扩建和施工等条件。

5.0.10 选择发电厂厂址时,发电厂的燃料运输方式应通过对厂址周围的运输条件进行技术经济比较后确定。

5.0.11 选择发电厂厂址时,应严格遵守国家有关环境保护的法规、法令的规定。应根据气象和地形等因素,减少发电厂排放的粉尘、废气、废水、灰渣对环境的污染。同时,应注意发电厂与其他企业所排出的废气、废水、灰渣之间的相互影响。

5.0.12 确定发电厂厂址时,应取得有关部门同意或认可的文件,主要有土地使用、燃料和水源供应、铁路运输及接轨、公路和码头建设、输电线路及供热管网、环境保护、城市规划部门、机场、军事设施或文物遗迹等相关部门文件。

6 总体规划

6.1 一般规定

6.1.1 发电厂的总体规划,应根据发电厂的生产、施工和生活需要,结合厂址及其附近的自然条件和城乡及土地利用总体规划,对厂区、施工区、生活区、水源地、供排水设施、污水处理设施、灰管线、贮灰场、灰渣综合利用、交通运输、出线走廊、供热管网等,立足本期,考虑远景,统筹规划。自备电厂的厂区总体规划和布置应与企业各分厂车间相协调,并应满足企业的总体规划要求。

6.1.2 发电厂的总体规划应贯彻节约集约用地的方针,通过采用新技术、新工艺和设计优化,严格控制厂区、厂前建筑区和施工区用地面积。发电厂用地范围应根据规划容量和本期建设规模及施工的需要确定。发电厂用地宜统筹规划,分期征用。

6.1.3 发电厂的总体规划应符合下列规定:
1 工艺流程合理。
2 交通运输方便。
3 处理好厂内与厂外、生产与生活、生产与施工之间的关系。
4 与城市(镇)或工业区规划相协调。
5 方便施工,有利扩建。
6 合理利用地形、地质条件。
7 尽量减少场地的开挖工程量。
8 工程造价低,运行费用小,经济效益高。
9 符合环境保护、消防、劳动安全和职业卫生要求。

6.1.4 发电厂的总体规划还应满足下列要求:
1 按功能要求分区,可分为主厂房、配电装置区、冷却设施区、燃煤设施区、辅助生产区、厂前建筑区、施工区等。

2 各区内建筑物的布置应考虑日照方位和风向,并力求合理紧凑。辅助、附属建筑和行政管理、公共福利建筑宜采用联合布置和多层建筑。

3 注意建筑物空间的组织及建筑群体的协调,从整体出发,与环境协调。

4 因地制宜地进行绿化规划,厂区绿地率宜不大于厂区用地面积的20%,不应为绿化而增加厂区用地面积。

5 屋外配电装置裸露部分的场地可铺设草坪或碎石、卵石。对煤场、灰场、脱硫吸收剂贮存场等会出现粉尘飞扬的区域,除采取防尘措施外,有条件时应植树隔开。对于风沙较大地区的电厂,根据具体情况,可设厂外防护林带。

6.1.5 发电厂的建筑物布置必须符合防火要求,各主要生产和辅助生产及附属建(构)筑物在生产过程中的火灾危险性分类及其耐火等级除应符合现行国家标准《火力发电厂与变电站设计防火规范》GB 50229 的规定外,还应符合下列规定:

1 办公楼、食堂、招待所、值班宿舍、警卫传达室按丁类三级。

2 液氨储存处置设施区按乙类二级,尿素贮存处置设施按丙类二级。

6.2 厂区内部规划

6.2.1 发电厂的厂区规划应以工艺流程合理为原则,以主厂区为中心,结合各生产设施及系统的功能,分区明确,紧凑合理,有利扩建,因地制宜地进行布置,并满足防火、防爆、环境保护、劳动安全和职业卫生的要求。厂前建筑设施宜集中布置在主厂房固定端,做到与生产联系方便、生活便利、厂容美观。企业自备电厂的厂区规划应与企业的厂区布置相协调。

6.2.2 厂区主要建筑物和构筑物的布置,除应符合国家现行有关防火标准的规定及其环境保护的原则要求外,还应符合下列规定:

1 发电厂的厂区规划应按规划容量设计。发电厂分期建设时，总体规划应正确处理近期与远期的关系。应近期集中布置，远期预留发展，分期征地，严禁先征待用。

2 主厂房应布置在厂区的适中位置，当采用直流供水时，汽机房宜靠近水源。主厂房和烟囱宜布置在土质均匀、地基承载力较高的地区。主厂房的固定端宜朝向进厂道路引接方向。当采用直接空冷时，应考虑气象条件对空冷机组运行及主厂房方位的影响。

3 屋外配电装置的布置应考虑进出线的方便，尽量避免线路交叉。

4 冷却塔的布置应根据地形、地质、相邻设施的布置条件及常年的风向等因素予以综合考虑。在工程初期，冷却塔不宜布置在扩建端。对采用排烟冷却塔的发电厂，冷却塔宜靠近炉后区域，使烟道顺畅和短捷。对采用机械通风冷却塔的发电厂，单侧进风塔的进风面宜面向夏季主导风向，双侧进风塔的进风面宜平行于夏季主导风向。

5 露天贮煤场、液氨设施宜布置在厂区主要建筑物全年最小频率风向的上风侧，应避免对厂外居民区的污染影响。

6 供油、卸油泵房以及助燃油罐、液氨贮存设施应与其他生产辅助及附属建筑分开，并单独布置形成独立的区域。靠近江、河、湖、泊布置时，应有防止泄漏液体流入水域的措施。

7 生产废水及生活污水经处理合格后的排放口应远离生活用水取水口，并在其下游集中排放，但未经检测，不应将排水接入下水道总干管排出。

8 厂区对外应设置不少于2个出入口，其位置应方便厂内外联系，并使人流和货流分开。厂区的主要出入口宜设在厂区的固定端一侧。在施工期间，宜有施工专用的出入口。发电厂采用汽车运煤或灰渣时，宜设专用的出入口。

9 厂区建(构)筑物的平面布置和空间组合，应紧凑合理，厂区建筑风格简洁协调,建筑造型新颖美观。企业自备电厂的建筑物形式及布置应与所在企业的总体环境相协调。

10 扩建发电厂的厂区规划应结合老厂的生产系统和布置特点进行统筹安排、改造,合理利用现有设施,减少拆迁,并避免扩建施工对正常生产的影响。

11 辅助厂房和附属建筑物宜采用联合建筑和多层建筑。

6.2.3 厂区主要建筑物的方位宜结合日照、自然通风和天然采光等因素确定。

6.2.4 发电厂的各项用地指标应符合国家现行的电力工程项目建设用地指标的有关规定,厂区建筑系数不应低于35%,厂区绿地率不应大于20%。

6.2.5 发电厂各建筑物、构筑物之间的最小间距应符合表6.2.5的规定。

表6.2.5 发电厂各建筑物、构筑物之间的最小间距(m)

建筑物、构筑物名称		丙、丁、戊类建筑耐火等级		屋外配电装置	自然通风冷却塔	机械通风冷却塔	露天卸煤装置或煤场	助燃油罐	厂前建筑		铁路中心线		厂外道路(路边)	厂内道路(路边)		围墙
		一、二级	三级						一、二级	三级	厂内	厂外		主要	次要	
丙、丁、戊类建筑耐火等级	一、二级	10	12	10	15~30①	15~30	15	20	10	12	有出口时为5~6	无出口时为1.5,有出口无引道时为3,有引道时为6				5
	三级	12	14	12				25	12	14	无出口时为3~5					
屋外配电装置		10	12		—			25	10	20	—		1.5			—
主变压器或屋外厂用变压器(油重小于10t/台)		12	15	—	25~40②	40~60③	50	40	15	20	—		—			—
自然通风冷却塔		15~30		15~40	0.4D~0.5D④	40~50	25~30	20	30		25	15	20	10		10
机械通风冷却塔		15~30		40~60③	40~50	⑤	40~45	25	35		35	20	35	15		5
露天卸煤装置或煤场		15		50	25~30	40~45	—	15 存贮褐煤时为25					10	5	1.5	5

续表 6.2.5

建筑物、构筑物名称		丙、丁、戊类建筑耐火等级 一、二级	三级	屋外配电装置	自然通风冷却塔	机械通风冷却塔	露天卸煤装置或煤场	助燃油罐	厂前建筑 一、二级	厂前建筑 三级	铁路中心线 厂内	铁路中心线 厂外	厂外道路(路边)	厂内道路(路边) 主要	厂内道路(路边) 次要	围墙
助燃油罐		20	25	25	20	25	存贮褐煤时为25		25	32	30	20	15	10	5	5
液氨罐		12	15	30	20	25			25	30	35	25	20	15	10	10
厂前建筑	一、二级	10	12	20	30	35	15	20	6	7	有出口时为5~6 无出口时为3~5		有出口时为3,无出口时为1.5			5
厂前建筑	三级	12	14	12				25	7	8						
围墙		5	5	—	10	15	5		3.5	3.5			2.0	1.0		—

注：① 自然通风冷却塔(机械通风冷却塔)与主控楼、单元控制楼、计算机室等建筑物采用30m，其余建筑物均采用15m～20m(除水工设施等采用15m外，其他均采用20m)，且不小于2倍塔的进风口高度；
② 为冷却塔零米(水面)外壁至屋外配电装置构架边净距，当冷却塔位于屋外配电装置冬季盛行风向的上风侧时为40m，位于冬季盛行风向的下风侧时为25m；
③ 在非严寒地区或全年主导风向下风侧采用40m，严寒地区或全年主导风向上风侧采用60m；
④ D为逆流式自然通风冷却塔进出口下缘塔筒直径(人字柱与水面交点处直径)，取相邻较大塔的直径；冷却塔采用非塔群布置时，塔间距宜为0.45D，困难情况下可适当缩减，但不应小于4倍标准进风口的高度；冷却塔采用塔群布置时，塔间距宜为0.5D，有困难时可适当缩减，但不应小于0.45D；当间距小于0.5D时，应要求冷却塔采取减小风的负压负荷的措施；
⑤ 机力通风冷却塔之间的间距应符合现行国家标准《工业循环水冷却设计规范》GB/T 50102的规定；塔排一字形布置时，塔端净距不小于4m；塔排平行错开布置时，塔端净距不小于4倍进风口高度。

6.2.6 厂区围墙的平面布置应在节约用地的前提下规整，除有特殊要求外，宜为实体围墙，高度不应低于2.2m。屋外配电装置区域周围厂内部分应设有1.8m高的围栅，变压器厂地周围应设置1.5m高的围栅。液氨贮存区和助燃油罐区均应单独布置，其四周应设置高度不低于2.0m的非燃烧体实体围墙。当利用厂区围墙时，该段围墙应为高度不低于2.5m高的非燃烧体实体围墙，助燃油罐周围还应设有防火堤或防火墙。

6.2.7 采用空冷机组的发电厂，应根据空冷气象资料，结合地形、地质、铁路专用线引接、冷却塔设施用地等条件,通过技术经济比较,合理确定采用直接空冷或间接空冷系统。空冷设施布置应符合下列规定:

1 直接空冷平台朝向应根据空冷平台区域、蒸汽分配管顶部的全年、夏季、夏季高温大风的主导风向、风速、风频等因素,并兼顾空冷机组运行的安全性和经济性综合确定,应避免夏季高温大风主导风向来自锅炉后部。

2 直接空冷平台宜布置在主厂房 A 排外侧,此时变压器、电气配电间、贮油箱等宜布置在平台下方,但应保证空冷平台支柱位置不影响变压器的安装、消防和检修运输通道。

3 间接空冷塔除作为排烟冷却塔外,宜靠近汽机房布置,以缩短循环水管线长度。

6.2.8 发电厂专用线的设计标准,应符合现行国家标准《工业企业标准轨距铁路设计规范》GBJ 12 的有关规定。铁路专用线的配线应根据发电厂燃煤量、卸煤方式、锅炉点火及低负荷助燃的用油量和施工需要,按规划容量一次规划,分期建设。

6.2.9 以水运为主的发电厂,其码头的建设规模及平面布局应按发电厂的规划容量、厂址和航道的自然条件,以及厂内运煤设施统筹安排,并应符合下列规定:

1 码头的规划设计应符合现行国家标准《河港工程设计规范》GB 50192 和现行行业标准《海港总平面设计规范》JTJ 211 的有关规定。

2 码头应设在水深适宜、航道稳定、泥砂运动较弱、水流平顺、地质较好的地段,并宜与陆域的地形高程相协调。

3 码头前沿应有足够开阔的水域。对码头与冷却水进水口、排水口之间的距离应考虑两者之间的相互影响,通过模型试验充分论证,合理确定。

6.2.10 发电厂厂内道路的设计应符合现行国家标准《厂矿道路设计规范》GBJ 22 的有关规定。

6.2.11 厂内各建筑物之间应根据生产、生活和消防的需要设置行车道路、消防车道和人行道。山区发电厂设置环行消防车道有困难时,可沿长边设置尽端式消防车道,并应设回车道或回车场。主厂房、配电装置、贮煤场、液氨贮存区和助燃油罐区周围应设环形消防车道。

6.2.12 厂区内主要道路宜采用水泥路面或沥青路面。

6.2.13 厂区主干道的行车部分宽度宜为6m～7m,次要道路的宽度可为3.5m～4m。通向建筑物出入口处的人行引道的宽度宜与门宽相适应。

6.2.14 发电厂厂区的竖向布置应综合考虑生产工艺要求、工程地质、水文气象、土石方量及地基处理等因素,并应符合下列规定:

1 在不设防洪大堤或围堤的厂区,主厂房区的室外地坪设计标高应高于设计高水位的0.5m。厂区设有防洪大堤或围堤且满足防洪要求时,厂内场地标高可低于设计洪水位,但必须要有可靠的防内涝措施。

2 所有建(构)筑物、铁路及道路等的标高的确定应满足生产使用和维护方便。地上、地下设施中的基础、管线、管架、管沟、隧道及地下室等的标高和布置应统一安排,以达到合理交叉、维修、扩建便利,排水畅通的目的。

3 应使本期工程和扩建时的土石方工程量最小,地基处理和场地整理措施费等投资最小,并力求使厂区和施工场地范围内的土石方量综合平衡。在填、挖方量不能达到平衡时,应落实取土或弃土地点。

4 厂区场地的最小坡度及坡向应以排除地面水为原则,应与建筑物、道路及场地的雨水窨井、雨水口的设置相适应,并按当地降雨量和场地土质条件等因素来确定。

5 地处山坡地区发电厂的竖向布置应在满足工艺要求的前提下,合理利用地形,节省土石方量并确保边坡、挡土墙稳定。

6.2.15 当厂区自然地形的坡度大于3％时,宜采用阶梯布置。阶梯的划分应考虑生产需要、交通运输的便利和地下设施布置的合理。在两台阶交接处,应根据地质条件充分考虑边坡稳定的措施。

6.2.16 厂区场地排水系统的设计应根据地形、工程地质、地下水位等因素综合考虑,并应符合下列规定:

　　1 场地的排水系统设计应按规划容量全面考虑,并使每期工程排水畅通。厂区场地排水可根据具体条件,采用雨水口接入城市型道路的下水系统的主干管窨井内的系统,或采用明沟接入公路型道路的雨水排水系统。有条件时,应采用自流排水。对于阶梯布置的发电厂,每个台阶应有排水措施。对山区或丘陵地区的发电厂,在厂区边界处应有防止山洪流入厂区的设施。

　　2 当室外沟道高于设计地坪标高时,应有过水措施,或在沟道的两侧均设排水措施。

　　3 煤场周围应设排水设施,使煤场外的雨水不流入煤场内,煤场内的雨水不流出煤场外,煤场内应有澄清池和便于清理煤泥的设施。

6.2.17 建筑物零米标高的确定应考虑建筑功能、交通联络、场地排水、场地地质等因素,宜高出室外地面设计标高0.15m～0.30m。软土地区应考虑室内外沉降差异的影响。

6.2.18 厂区内的主要管架、管线和管沟应按规划容量统一规划,集中布置,并留有足够的管线走廊。

　　管架、管线和管沟宜沿道路布置。地下管线和管沟宜敷设在道路行车部分之外。

6.2.19 架空管线及地下管线的布置应符合下列规定:

　　1 流程应合理并便于施工及检修。

　　2 当管道发生故障时不应发生次生灾害,特别应防止污水渗入生活给水管道和有害、易燃气体渗入其他沟道和地下室内。

3 应避免遭受机械损伤和腐蚀。

4 应避免管道内液体冻结。

5 电缆沟及电缆隧道应防止地面水、地下水及其他管沟内的水渗入,并应防止各类水倒灌入电缆沟及电缆隧道内。

6 电缆沟及电缆隧道在进入建筑物处或在适当的距离及地段应设防火隔墙,电缆隧道的防火隔墙上应设防火门。

6.2.20 管沟、地下管线与建筑物、铁路、道路及其他管线的水平距离以及管线交叉时的垂直距离,应根据地下管线和管沟的埋深、建筑物的基础构造及施工、检修等因素综合确定。高压架空线与道路、铁路或其他管线交叉布置时,应按规定保持必要的安全净空。

6.2.21 厂区管线的敷设方式应符合下列规定:

1 凡有条件集中架空布置的管线宜采用综合管架进行敷设;在地下水位较高,土壤具有腐蚀性或基岩埋深较浅且不利于地下管沟施工的地区,宜优先考虑采用综合管架。

2 生产、生活、消防给水管和雨水、污水排水管等宜地下敷设。

3 灰渣管、石灰石浆液管、石膏浆液管、氢气管、压缩空气管、助燃油管、氨气管、热力管等宜架空敷设。

4 酸液和碱液管可敷设在地沟内,也可架空敷设。有条件时,除灰管宜按低支架或管枕方式敷设。对发生故障时有可能扩大灾害的管道,不宜同沟敷设。

5 根据具体条件,厂区内的电缆可采用直埋、地沟、排管、隧道或架空敷设。电缆不应与其他管道同沟敷设。

6.2.22 地下管线之间的最小水平净距,地下管线与建(构)筑物之间的最小水平净距,架空管架(线)跨越铁路、道路的最小垂直净距及架空管架(线)与建(构)筑物之间的最小水平净距应符合现行行业标准《火力发电厂总图运输设计技术规程》DL/T 5032 的有关规定。

6.3 厂区外部规划

6.3.1 发电厂的厂外设施,包括交通运输、供水和排水、灰渣输送和处理、输电线路和供热管线、生活区和施工区等,应在确定厂址和落实厂内各个主要系统的基础上,根据发电厂的规划容量和厂址的自然条件,全面考虑,综合规划。

6.3.2 发电厂的厂外交通运输规划应符合下列规定:

1 铁路专用线应从国家或地方铁路线或其他工业企业的专用线上接轨。专用线不应在区间线上接轨,并应避免切割接轨站正线,且应充分利用既有设施能力,不过多增加接轨站的改建费用。发电厂的燃料及货物运输列车宜优先采用送重取空的货物交接方式。发电厂不宜设置厂前交接站。

2 以水运为主的发电厂,当码头布置在厂区以外或需与其他企业共同使用码头时,应与规划部门及有关企业协调,落实建设的可能性以及建设费用、建成后的运行方式,取得必要的协议,并保证码头与发电厂厂区之间有良好的交通运输通道。

3 发电厂的主要进厂道路应就近与城乡现有公路相连接,其连接宜短捷且方便行车,宜避免与铁路线交叉。当进厂道路与铁路线平交时,应设置有看守的道口及其他安全设施。

4 厂区与厂外供排水建筑、水源地、码头、贮灰场、生活区之间应有道路连接,可利用现有道路或设专用道路。

5 主要进厂道路的宽度宜为7m,可采用水泥混凝土或沥青路面;其他厂外专用道路的宽度可为4m,困难条件下也可为3.5m;专用运灰道路、运煤进厂道路的标准应根据运量及运卸条件等因素合理确定。

6.3.3 发电厂的厂外供排水设施规划应根据规划容量、水源、地形条件、环保要求和本期与扩建的关系等,通过方案比选,合理安排,并应符合下列规定:

1 当采用直流供水系统时,应做好取、排水建筑物和岸边(或中央)水泵房的布置及循环水管(或沟)的路径选择。

2 对于循环供水系统和生活供水系统,应做好厂外水源(或集水池)和补给水泵房的布点及补给水管的路径选择。

3 应考虑水能的回收和水的重复利用。

6.3.4 应结合工程具体条件,做好发电厂的防排洪(涝)规划,充分利用现有防排洪(涝)设施。当必需新建时,可因地制宜地选用防洪(涝)堤、排洪(涝)沟或挡水围墙。

6.3.5 厂外灰渣处理设施的设计应符合下列规定:

1 当采用山谷贮灰场时,应避免贮灰场灰水给附近村庄的居民生活带来危害,并应考虑其泄洪构筑物对下游的影响,设计中应结合当地规划的防洪能力综合研究确定。当贮灰场置于江、河滩地时,应考虑灰堤修筑后对河道产生的影响,并应取得有关部门同意的文件。

2 灰管线宜沿道路及河网边缘敷设,选择高差小、爬坡、跨越及转弯少的地段,并应避免影响农业耕作。

3 当采用汽车或船舶输送灰渣时,应充分研究公路或河道及码头的通行能力和可能对环境产生的污染影响,并采取相应的措施。

6.3.6 发电厂的出线走廊应根据城乡总体规划和电力系统规划、输电线路方向、电压等级和回路数,按发电厂规划容量和本期工程建设规模,统筹规划,避免交叉。

6.3.7 厂外供热管线应合理规划,并与厂区总体规划相协调。

6.3.8 发电厂的施工区应按规划容量统筹规划,合理利用地形,减少场地平整土石方量,并应避免施工区场地表土层的大面积破坏,防止水土流失。

7 主厂房布置

7.1 一般规定

7.1.1 发电厂主厂房的布置应符合热、电生产工艺流程,做到设备布局紧凑、合理,管线连接短捷、整齐,厂房布置简洁、明快。

7.1.2 主厂房的布置应为安全运行和方便操作创造条件,做到巡回检查通道畅通。厂房内的空气质量、通风、采光、照明和噪声等应符合现行国家有关标准的规定。特殊设备应采取相应的防护措施,符合防火、防爆、防腐、防冻、防毒等有关要求。

7.1.3 主厂房布置应根据自然条件、总体规划和主辅设备特点及施工场地、扩建条件等因素,进行技术经济比较后确定。

7.1.4 主厂房布置应根据发电厂的厂区、综合主厂房内各工艺专业设计的布置要求及发电厂的扩建条件确定。扩建厂房宜与原有厂房协调一致。

7.1.5 主厂房内应设置必要的检修起吊设施和检修场地,以及设备和部件检修所需的运输通道。

7.2 主厂房布置

7.2.1 主厂房的布置形式宜按汽机房、除氧间(或合并的除氧煤仓间)、煤仓间、锅炉房的顺序排列。当采用其他的布置形式时,应经技术经济比较后确定。

7.2.2 主厂房的布置应与发电厂出线,循环水管进、排水管位,热网管廊,主控制楼(室)、汽机房毗屋和其周围的环形道路等布置相协调。

7.2.3 主厂房各层标高的确定应符合下列规定:
  1 双层布置的锅炉房和汽机房,其运转层宜取同一标高。汽机房的运转层宜采用岛式布置。

　　2　除氧器层的标高应保证在汽轮机各种运行工况下,给水泵或其前置泵进口不发生汽化。

　　当气候、布置条件合适、除氧间不与煤仓间合并时,除氧器和给水箱宜采用露天布置。

　　3　煤仓间给煤机层的标高应符合下列规定：
　　　　1）循环流化床锅炉给煤机层的标高应考虑锅炉给煤口标高（包括播煤装置）、所需给煤机级数、给煤距离和给煤机出口阀门布置所需的空间等。
　　　　2）煤粉锅炉给煤机层的标高应由磨煤机（风扇磨煤机除外）、送粉管道及其检修起吊装置等所需的空间决定。在有条件时,该层标高宜与锅炉运转层标高一致。风扇磨煤机的给煤机层标高应考虑干燥段的布置。

　　4　煤仓间煤仓层的标高应根据运煤系统运行班制,每台锅炉原煤仓（包括贮仓式制粉系统的煤粉仓,不包括直吹式制粉系统备用磨煤机对应的原煤仓）有效容积应符合下列规定：
　　　　1）运煤系统两班工作制,经技术经济比较后认为合理时,可按满足锅炉额定蒸发量12h～14h的耗煤量考虑。
　　　　2）运煤系统三班工作制,可按满足锅炉额定蒸发量10h～12h的耗煤量考虑。
　　　　3）对燃用低热值煤的循环流化床锅炉,可按满足锅炉额定蒸发量8h～10h的耗煤量考虑。
　　　　4）对燃用褐煤的煤粉锅炉,可按满足锅炉额定蒸发量6h～8h的耗煤量考虑。
　　　　5）煤粉仓的有效容积可按满足锅炉额定蒸发量3h～4h的耗煤量考虑。

7.2.4　当除氧器和给水箱布置在单元控制室上方时,单元控制室的顶板必须采用混凝土整体浇筑,除氧器层楼面必须有可靠的防水措施。

7.2.5 主厂房的柱距和跨度应根据锅炉和汽机的容量及布置形式,结合规划容量确定。

7.2.6 当气象条件适宜时,65t/h及以上容量的锅炉宜采用露天或半露天布置,并宜采用岛式布置,即锅炉运转层不设大平台。露天布置的锅炉应采取有效的防冻、防雨、防腐、承受风压和减少热损失等措施。除尘设备应露天布置,干式除尘灰斗应有防结露措施。非严寒地区,锅炉引风机宜露天布置。当锅炉为岛式露天布置时,送风机、一次风机也宜露天布置。露天布置的辅机应有防噪声措施,其电动机宜采用全封闭户外式。

7.2.7 原煤仓、煤粉仓的设计应符合下列规定:

1 锅炉原煤仓形式应结合主厂房布置情况确定。

2 非圆筒仓结构的原煤仓的内壁应光滑耐磨,其相邻两壁交线与水平面夹角不应小于55°,壁面与水平面的交角不应小于60°。对褐煤及黏性大或易燃的烟煤,相邻两壁交线与水平面夹角不应小于65°,壁面与水平面的交角不应小于70°。相邻壁交线内侧应做成圆弧形,圆弧的半径宜为200mm。循环流化床锅炉的原煤仓出口段壁面与水平面的夹角不应小于70°。

3 原煤仓应采用大的出口截面。对煤粉炉,在原煤仓出口下部宜设置圆形双曲线或圆锥形金属小煤斗。对易堵的煤在原煤仓的出口段宜采用不锈钢复合钢板、内衬不锈钢板或其他光滑阻燃型耐磨材料。金属煤斗外壁宜设振动装置或其他防堵装置。

4 在严寒地区,对钢结构的原煤仓,以及靠近厂房外墙或外露的钢筋混凝土原煤仓,其仓壁应设有防冻保温装置。

5 原煤仓应设置煤位测量装置。

6 煤粉仓的设计应符合下列规定:

　1)煤粉仓应封闭严密,减少开孔。任何开孔必须有可靠的密封结构。煤粉仓的进粉和出粉装置必须具有锁气功能。

　2)煤粉仓内表面应平整、光滑、耐磨和不积粉,其几何形状和结构应使煤粉能够顺畅自流。

　　3）除无烟煤以外的其他煤种,煤粉仓宜设置自启闭式防爆门。

　　4）煤粉仓应防止受热和受潮。在严寒地区,金属煤粉仓及靠近厂房外墙或外露的混凝土煤粉仓应有防冻保温措施。

　　5）煤粉仓相邻两壁间的交线与水平面的夹角不应小于60°,壁面与水平面的交角不应小于65°。相邻两壁交线的内侧应做成圆弧形,圆弧半径宜为200mm。

　　6）煤粉仓的长径比应小于5∶1。矩形煤粉仓以当量直径作基准值。

　　7）煤粉仓应有测量粉位、温度以及灭火、吸潮和放粉等设施。

7.2.8 汽轮机润滑油系统的设备和管道布置应远离高温蒸汽管道。油系统应设防火措施,并应符合现行国家标准《火力发电厂与变电站设计防火规范》GB 50229 的有关规定。

7.2.9 减温减压器和热网加热器宜布置在主厂房内。

7.3 检修设施

7.3.1 汽机房的底层应设置集中安装检修场地。其面积应能满足检修吊装大件和汽轮机翻缸的要求。每 2 台～4 台机组宜设置一个零米检修场地。

7.3.2 汽机房内起重机的设置宜符合下列规定:

　　1 100MW级机组装机在 2 台及以上时,宜设置 2 台电动桥式起重机。

　　2 50MW级机组装机在 4 台以上时,宜设置 2 台电动桥式起重机。

　　3 50MW级以下容量机组的汽机房内,应设置 1 台电动桥式起重机。

4 起重量应按检修起吊最重件确定(不包括发电机定子)。

5 起重机的轨顶标高应满足起吊物件最大起吊高度的要求。

6 起重机的起重量和轨顶标高应考虑规划扩建机组的容量。

7.3.3 主厂房的下列各处,应设置必要的检修起吊设施:

1 锅炉房炉顶。电动起吊装置起重量宜为0.5t~1t,提升高度应从零米至炉顶平台。

2 送风机、引风机、磨煤机、排粉风机、一次风机等转动设备的上方。

3 煤仓间煤仓层。电动起吊装置的起重量宜为0.5t~1t,提升高度应从零米或运转层至煤仓层。

4 利用汽机房桥式起重机起吊受到限制的地方:加热器、水泵、凝汽器端盖等设备和部件。

7.3.4 汽机房的运转层应留有利用桥式起重机抽出发电机转子所需要的场地和空间。汽机房的底层应留有抽、装凝汽器冷却管的空间位置。

7.3.5 锅炉房的布置应预留拆装空气预热器、省煤器的检修空间和运输通道。

7.3.6 主厂房电梯台数和布置方式应符合下列规定:

1 对于130t/h~220t/h级锅炉,每3台~4台锅炉宜设1台电梯。

2 对于410t/h级锅炉,每2台锅炉宜设1台电梯。

3 电梯宜采用客货两用形式,起重量为1t~2t,升降速度不宜小于1m/s。

4 电梯宜布置在控制室与锅炉之间靠近炉前位置,且应能在锅炉本体各主要平台层停靠。

5 电梯的井底应设置排水设施,排水井的容量不应小于2m³。

7.4 综合设施

7.4.1 主厂房内管道阀门的布置应方便检查和操作,凡需经常操作维护的阀门而人员难以到达的场所,宜设置平台、楼梯,或设置传动装置引至楼(地)面方便操作。

7.4.2 主厂房内通道和楼梯的设置应符合下列规定:

  1 主厂房零米层与运转层应设有贯穿直通的纵向通道。其宽度应满足下列要求:

  1)汽机房靠 A 列柱侧,不宜小于 1m。
  2)汽机房靠 B 列柱侧,不宜小于 1.4m。
  3)锅炉房炉前距离,220t/h 级及以下,宜为 2m～3m;410t/h 级宜不大于 4.5m。

  2 汽机房与锅炉房之间应设有供运行、检修用的横向通道。

  3 每台锅炉应设运转层至零米层的楼梯。

  4 每台双层布置的汽轮机运转层至零米层,应设上下联系楼梯。

7.4.3 主厂房的地下沟道、地坑、电缆隧道应有防、排水设施。

7.4.4 煤仓间各楼层地面应设置冲洗水源,并能排水;主厂房主要楼层应有清除垃圾的设施,运转层和零米宜设厕所。

7.4.5 汽机房外适当位置应设置一个事故贮油池。其容量按最大一台变压器的油量与最大一台汽轮机组油系统的油量比较确定,事故贮油池宜设油水分离设施。

7.4.6 机炉电控制室宜集中布置,也可多台机组合用一个集中控制室。控制室应设置 2 个出入口,当控制室面积小于 $60m^2$ 时可设置 1 个出入口,其净空高度不应小于 3.2m。

7.4.7 控制室和电子设备间,严禁穿行汽、水、油、煤粉等工艺管道。

8 运煤系统

8.1 一般规定

8.1.1 新建发电厂的运煤系统设计应因地制宜,根据发电厂规划容量、燃煤品种、自然条件、来煤方式等因素统筹规划,必要时对分期建设或一次建成应进行技术经济比较。

8.1.2 扩建发电厂的运煤系统设计应结合老厂的生产系统和布置特点进行安排,合理利用原有设施并充分考虑扩建施工对生产的影响。

8.1.3 运煤系统宜采用带式输送机运煤。当总耗煤量小于60t/h时,可采用单路系统;当总耗煤量在60t/h及以上时,可采用双路系统。

8.1.4 运煤系统昼夜作业时间的确定应符合下列规定:

1 两班工作制运行不宜大于11h。
2 三班工作制运行不宜大于16h。
3 运煤系统的工作班制应与锅炉煤仓的总有效容积协调。

8.1.5 运煤系统的出力应按全厂运行锅炉额定蒸发量每小时总耗煤量(以下简称总耗煤量)确定,应符合下列规定:

1 双路运煤系统宜采用三班工作制运行,每路系统的出力不应小于总耗煤量的135%。

2 单路的运煤系统宜采用两班工作制运行,其出力不应小于总耗煤量的300%。

8.2 卸煤设施及厂外运输

8.2.1 当铁路来煤时,卸煤装置的出力应根据对应机组的铁路最大来煤量和来车条件确定。卸车时间和一次进厂的车辆数量应与铁路部门协商确定。一次进厂的车辆数应与进厂铁路专用线的牵引定数相匹配。当采用单线缝式煤槽卸煤时,煤槽的有效长度宜与一次进厂车辆数分组后的数字相匹配。

8.2.2 在缝式煤槽中,当采用单路带式输送机时,叶轮给煤机应有1台备用。

8.2.3 当水路来煤时,码头的规划设计应符合现行国家标准《河港工程设计规范》GB 50192和现行行业标准《海港总平面设计规范》JTJ 211的有关规定。卸煤机械的总额定出力应按泊位的通过能力,并与航运部门协商确定,不宜小于全厂总耗煤量的300%。全厂装设的卸煤机械的台数不应少于2台。

8.2.4 当汽车来煤时,运输车辆应优先利用社会运力,电厂不宜设自备运煤汽车。

8.2.5 当部分或全部燃煤采用汽车运输时,厂内应根据汽车运输年来煤量设置相应规模的受煤站,应符合下列规定:

1 当发电厂汽车运输年来煤量为 $30×10^4 t$ 及以下时,受煤站宜与煤场合并布置,可将煤场内某一个或几个区域作为受煤站。

2 当发电厂汽车运输年来煤量为 $30×10^4 t \sim 60×10^4 t$ 时,受煤站可采用多个受煤斗串联布置方式。

3 当发电厂汽车运输年来煤量为 $60×10^4 t$ 及以上时,受煤站宜采用缝式煤槽卸煤装置。

4 当燃煤以非自卸汽车为主运输时,受煤站宜设置卸车机械。

8.2.6 靠近煤源的发电厂,厂外运输可采用单路带式输送机或其他方式输送,并通过技术经济比较确定。

8.3 带式输送机系统

8.3.1 采用普通胶带的带式输送机的倾斜角,输送碎煤机前的原煤时,不应大于16°,输送碎煤机后的细煤时,不应大于18°。

8.3.2 运煤栈桥宜采用半封闭式或封闭式。气象条件适宜时,可采用露天布置,但输送机胶带应设防护罩。在寒冷与多风沙地区,应采用封闭式,并应有采暖设施。

8.3.3 运煤栈桥及地下隧道的通道尺寸应符合下列规定:

1 运行通道的净宽不应小于1m,检修通道的净宽不应小于0.7m。

2 带宽800mm及以下的运煤栈桥的净高不应小于2.2m,带宽800mm以上的运煤栈桥的净高不应小于2.5m。

3 带式输送机的地下隧道的净高不应小于2.5m。

8.4 贮煤场及其设备

8.4.1 贮煤场的总贮煤量应按交通运输条件和来煤情况确定,并应符合下列规定:

1 经过国家铁路干线来煤的发电厂,贮煤场的容量不应小于15d的耗煤量。

2 不经过国家铁路干线,包括采用公路运输或带式输送机来煤的发电厂(煤源唯一的发电厂除外),贮煤场容量宜为全厂5d～10d的耗煤量。个别地区可结合气象条件的影响适当增大贮煤量。

3 由水路来煤的发电厂,应按水路可能中断运输的最长持续时间确定,贮煤场容量不应小于全厂15d的耗煤量。

4 对于燃烧褐煤的发电厂,在无防止自燃有效措施的情况下,贮煤场的容量不宜大于全厂10d的耗煤量。

5 供热机组的贮煤容量应在上述标准的基础上,增加5d的耗煤量。

8.4.2 发电厂位于多雨地区时,应根据煤的特性、燃烧系统、煤场设备的形式等条件确定设置干煤棚,其容量不宜小于全厂4d的耗煤量;燃用黏性煤质的发电厂,可适当增大干煤棚贮量;采用循环流化床锅炉的发电厂,其干煤棚容量宜为全厂4d～10d的耗煤量。

8.4.3 贮煤场设备的出力和台数,应符合下列规定:

1 贮煤场设备的堆煤能力应与卸煤装置的输出能力相匹配，取煤出力应与锅炉房的运煤系统的出力相匹配。

　　2 当采用 1 台堆取料机作为煤场设备时，应有出力不小于进入锅炉房运煤系统出力的备用上煤设施；当采用推煤机、轮式装载机等运载机械作为贮煤场的主要设备时，应设 1 台备用。

　　3 作为多种用途的门式或桥式抓煤机，其总额定出力不应小于总耗煤量的 250%、卸煤装置出力、运煤系统出力三者中最大值，不另设备用。但可设 1 台推煤机，供煤场辅助作业。

8.4.4 对于环保要求较高或场地狭窄地区，可采用封闭式贮煤场或半封闭式贮煤场或配置挡风抑尘网的露天贮煤场。

8.4.5 圆筒仓作为混煤或缓冲设施，容量宜为全厂 1d 的耗煤量。

8.4.6 当煤的物理特性适合发电厂的贮煤设施采用筒仓时，应设置必要的防堵措施。当贮存褐煤或易自燃的高挥发分煤种时，还应设置防爆、通风、温度监测和喷水降温措施，并严格控制存煤时间。

8.5　筛、碎煤设备

8.5.1 当运煤系统内需要设筛碎设备时，煤粉锅炉宜采用单级。碎煤机宜设旁路通道。

8.5.2 筛碎设备的选型应符合下列规定：

　　1 容易粘结和堵塞筛孔的煤宜选用无箅的高速锤式或环式碎煤机，不宜选用振动筛。

　　2 煤质坚硬或煤质多变时，宜选用重型环锤式或反击式碎煤机。

8.5.3 经筛碎后的煤块粒度应满足不同形式锅炉或磨煤机的要求：

　　1 煤粉炉不宜大于 30mm。

　　2 沸腾炉、循环流化床炉不宜大于 10mm。

　　3 当锅炉厂对循环流化床炉入炉煤的颗粒尺寸有具体规定

时,筛碎设备应满足锅炉要求。

8.5.4 采用循环流化床锅炉的发电厂破碎系统宜采用两级破碎设备,宜在粗破碎机前设滚轴筛,宜在细碎机前设细煤筛。

8.5.5 当原煤块粒度符合磨煤机或锅炉燃烧要求时,可不设置碎煤设备,但宜预留安装位置。当来煤中大块或杂质较多时,系统中宜设置除大块装置。

8.6 石灰石贮存与制备

8.6.1 石灰石不宜露天存放,贮存量宜为全厂3d~7d的需用量。送入石灰石制粉系统的石灰石应保证其水分在1%以下。

8.6.2 破碎石灰石的设备设置应满足入炉石灰石粉的粒度的要求,石灰石制备及输送系统破碎工艺的选择应根据进厂的石灰石粒度级配比的情况确定。当需要设置单级以上破碎工艺时,终级破碎设备的出料粒度应符合循环流化床锅炉的要求。

8.7 控制方式

8.7.1 运煤系统中各相邻连续运煤设备之间应设置电气联锁、信号和必要的通信设施。

8.7.2 运煤系统的控制方式应根据系统的复杂性及设备对运行操作的要求确定,可采用集中控制、自动程序控制、就地控制方式。对采用自动程序控制或集中控制的运煤系统,可根据控制要求设置就地控制按钮。控制室不应设在振动和煤尘大的地点。

8.8 运煤辅助设施及附属建筑

8.8.1 在每路运煤系统中,宜在卸煤设施后的第一个转运站、煤场带式输送机出口处和碎煤机前各装设一级除铁器。当采用中速磨煤机或高速磨煤机时,应在碎煤机后再增设一级除铁器。

8.8.2 发电厂应装设入厂煤和入炉煤的计量装置,有条件的发电厂宜装设入厂煤和入炉煤的机械取样装置。

8.8.3 运煤系统应采取下列防止堵煤的措施：

1 受煤斗和转运煤斗壁面与水平面的交角不应小于60°，矩形受煤斗相邻两壁的交线与水平面的夹角不应小于55°。

2 落煤管与水平面的倾斜角不宜小于60°。当受条件限制，倾角不能达到60°时，应根据煤的水分、颗粒组成、粘结性等条件，采用消除堵煤的措施，如装设振动器等，但此时落煤管的倾角也不应小于55°。

8.8.4 运煤设备应设检修起吊设施和检修场地。

8.8.5 煤尘的治理应符合下列规定：

1 对表面水分偏低、易起尘的原煤，可进行加湿。加湿水量的控制应不影响运煤、燃烧系统的正常运行和锅炉效率。

2 在运煤设备布置中，应有清扫地面的设施。当采用水力冲洗时，应有煤泥水排出及沉淀处理的设施。

3 运煤点的落差大于4.0m时，落煤管宜加锁气挡板。

4 运煤转运站和碎煤机室应有防止煤尘飞扬的措施。必要时可设置除尘设施。

5 对易扬尘需加湿的原煤，贮煤场应设置喷淋加湿装置。加湿后的原煤水分可根据煤种、煤质、颗粒级配等因素确定，但不宜大于8%。

6 对周围影响较大的贮煤场，宜在居住区的相邻处设隔尘设施。

8.8.6 运煤系统生产车间需设置的办公室、值班室、交接班室、检修间、备品库、棚库、推煤机库、浴室、厕所等设施可合并建设，并可与其他系统设施共用。

9 锅炉设备及系统

9.1 锅炉设备

9.1.1 锅炉的选型应符合下列规定：

1 根据煤质情况、工程条件和热负荷性质等选用循环流化床锅炉、煤粉炉或其他形式的锅炉。

2 容量相同的锅炉宜选用同型设备。

3 气象条件适宜时宜选用露天或半露天锅炉。

9.1.2 热电厂锅炉的台数和容量应根据设计热负荷经技术经济比较后确定。在选择锅炉容量时，应核算在最小热负荷工况下，汽轮机的进汽量不得低于锅炉不投油最低稳燃负荷。

9.1.3 在无其他热源的情况下，热电厂一期工程，机炉配置不宜仅设置单台锅炉。

9.1.4 热电厂当1台容量最大的锅炉停用时，其余锅炉出力应满足下列规定：

1 热用户连续生产所需的生产用汽量。

2 冬季采暖通风和生活用热量的60%～75%，严寒地区取上限。

9.1.5 当发电厂扩建且主蒸汽管道采用母管制系统时，锅炉容量的选择应连同原有锅炉容量统一计算。

9.1.6 凝汽式发电厂锅炉容量和台数的选择应符合下列规定：

1 锅炉的容量应与汽轮机最大工况时的进汽量相匹配。

2 1台汽轮发电机宜配置1台锅炉，不设备用锅炉。

9.2 煤粉制备

9.2.1 磨煤机的形式应根据煤种的煤质特性、可能的煤种变化范

围、负荷性质、磨煤机的适用条件,经过技术经济比较后确定,并应符合下列规定:

  1 当发电厂燃用无烟煤、低挥发分贫煤、磨损性很强的煤或煤种、煤质难固定时,宜选用钢球磨煤机。当技术经济比较合理时,可选用双进双出钢球磨煤机。

  2 燃用磨损性不强、水分较高、灰分较低、挥发分较高的褐煤时,宜选用风扇磨煤机。

  3 煤质适宜时,宜优先选用中速磨煤机。

9.2.2 制粉系统形式的选择应符合下列规定:

  1 当选用常规钢球磨煤机时,应采用中间贮仓式制粉系统;当采用双进双出钢球磨煤机时,应采用直吹式制粉系统。

  2 当选用高、中速磨煤机时,应采用直吹式制粉系统;当采用中速磨煤机时,运煤系统应有较完善的清除铁块、木块、石块和大块煤的设施,并应考虑石子煤的清除设施。

  3 当采用中速磨煤机和双进双出钢球磨煤机,且空气预热器能满足要求时,宜采用正压冷一次风机直吹式制粉系统。

  4 易燃、易爆的煤种宜采用直吹式制粉系统。

9.2.3 磨煤机的台数和出力的选择应符合下列规定:

  1 钢球磨煤机中间贮仓式制粉系统的磨煤机的台数和出力应符合下列规定:

   1)220t/h~410t/h级的锅炉,每台炉应装设2台磨煤机,不设备用磨煤机。130t/h级及以下容量的锅炉,每台炉宜装设1台磨煤机。

   2)每台锅炉装设的磨煤机在最大钢球装载量下的计算出力,按设计煤种不应小于锅炉额定蒸发量时所需耗煤量的115%;按校核煤种不应小于锅炉额定蒸发量时所需的耗煤量。

   3)每台锅炉装设2台及以上磨煤机时,当其中1台磨煤机停止运行,其余磨煤机按设计煤种的计算出力,应满足锅炉不投油稳燃的负荷要求。必要时可经输粉机由邻炉来粉。

2 直吹式制粉系统的磨煤机的台数和出力应符合下列规定：
  1）当采用双进双出钢球磨煤机直吹式制粉系统时，不设备用磨煤机。220t/h～410t/h级的锅炉，每炉应装设2台磨煤机；130t/h级及以下容量的锅炉，每台炉宜装设1台磨煤机。每台锅炉装设的磨煤机在制造厂推荐的钢球装载量下的计算出力，按设计煤种不应小于锅炉额定蒸发量时所需耗煤量的115%，按校核煤种不应小于锅炉额定蒸发量时所需的耗煤量。
  2）当采用高、中速磨煤机直吹式制粉系统时，应设备用磨煤机。220t/h～410t/h级的锅炉，每炉宜装设3台磨煤机，其中1台备用；130t/h级及以下容量的锅炉，每台炉宜装设2台磨煤机，其中1台备用。磨煤机的计算出力应有备用容量。在磨制设计煤种时，除备用外的磨煤机的总出力不应小于锅炉额定蒸发量时所需耗煤量的110%。在磨制校核煤种时，全部磨煤机按检修前状态的总出力不应小于锅炉额定蒸发量时所需的耗煤量。

9.2.4 煤粉炉给煤机的形式、台数、出力应符合下列规定：
  1 给煤机的形式应根据制粉系统设备的布置、锅炉负荷需要、给煤机调节性能、运行的可靠性并结合计量要求等进行选择。正压直吹式制粉系统的给煤机必须具有良好的密封性及承压能力，贮仓式制粉系统的给煤机也应有较好的密闭性以减少漏风。
  2 给煤机的形式应与磨煤机形式匹配，应按下列原则选择：
  1）钢球磨煤机中间贮仓式制粉系统，可采用刮板式、皮带式或振动式给煤机。
  2）直吹式制粉系统应采用密封、调节性能较好的可计量的皮带式或刮板式给煤机。
  3 给煤机的台数应与磨煤机的台数相匹配。对配置双进双出钢球磨煤机的机组,1台磨煤机应配2台给煤机。

4 刮板式、皮带式给煤机的计算出力不应小于磨煤机计算出力的110%,振动式给煤机的计算出力不应小于磨煤机计算出力的120%。对配双进双出钢球磨煤机的给煤机,其单台计算出力不应小于磨煤机单侧运行时的最大给煤量要求。

9.2.5 循环流化床锅炉等炉型应采用对称给煤,给煤设备不应少于2套,当其中1套给煤设备故障时,其余给煤设备出力应能满足锅炉额定蒸发量时所需的耗煤量。

9.2.6 给粉机的台数、最大出力应符合下列规定:

1 给粉机的台数应与锅炉燃烧器一次风的接口数相同。当锅炉设有预燃室时,应另配置相应数量的给粉机。

2 每台给粉机的最大出力不应小于与其连接的燃烧器最大设计出力的130%。

9.2.7 贮仓式制粉系统根据需要可设置输粉设施。输粉设备可选用螺旋输粉机、刮板输粉机、链式输粉机或质量可靠的其他形式的输粉机,其设置原则和容量应符合下列规定:

1 具备布置条件的两台锅炉的煤粉仓之间可采用输粉机连通方式。

2 输粉机的容量不应小于与其相连磨煤机中最大一台磨煤机的计算出力。

3 当输粉机长度在40m及以下时,宜单端驱动;长度在40m以上时,宜双端驱动。

4 输粉机应具有良好的密封性。

5 对高挥发分烟煤和褐煤不宜设输粉设备。

9.2.8 排粉机的台数、风量和压头的裕量应符合下列规定:

1 排粉机的台数应与磨煤机的台数相同。

2 排粉机的基本风量应按设计煤种的制粉系统热力计算确定。

3 排粉机的风量裕量不应低于5%,压头裕量不应低于

10%，风机的最大设计点应能满足磨煤机在最大钢球装载量时所需的通风量。

9.2.9 中速磨煤机和双进双出钢球磨煤机正压直吹式制粉系统应设置密封风机。密封风机的台数、风量和压头的裕量应符合下列规定：

 1 每台锅炉设置的密封风机不应少于2台，其中1台备用。当每台磨煤机均设密封风机时，密封风机可不设备用。

 2 密封风机的风量裕量不应低于10%（基本风量按全部磨煤机计算），压头裕量不应低于20%。

9.2.10 除无烟煤外，制粉系统应设防爆和灭火措施，其要求应符合现行国家标准《火力发电厂与变电站设计防火规范》GB 50229和现行行业标准《火力发电厂煤和制粉系统防爆设计技术规程》DL/T 5203 的有关规定。

9.2.11 煤粉炉如果设置一次风机，其形式、台数、风量和压头宜符合下列规定：

 1 对正压直吹式制粉系统，当采用三分仓空气预热器时，冷一次风机宜采用离心式风机。当技术经济比较合理时，也可采用其他调速风机。

 2 冷一次风机的台数宜为2台，不设备用。

 3 一次风机的风量和压头宜根据空气预热器的特点和不同的制粉系统采用。采用三分仓空气预热器正压直吹式制粉系统的冷一次风机按下列要求选择：

  1）风机的基本风量按设计煤种计算，应包括锅炉在额定蒸发量时所需的一次风量、制造厂保证的空气预热器运行一年后一次风侧的漏风量加上需由一次风机所提供的磨煤机密封风量损失（按全部磨煤机计算）。

  2）风机的风量裕量宜为20%～30%，另加温度裕量，可按"夏季通风室外计算温度"来确定。

  3）风机的压头裕量宜为20%～30%。

9.3 烟风系统

9.3.1 煤粉炉送风机的形式、台数、风量和压头应符合下列规定：

1 送风机宜选用高效离心式风机。当技术经济比较合理时，宜采用调速风机。

2 锅炉容量为130t/h级及以下时，每台锅炉应装设1台送风机，锅炉容量为220t/h级及以上时，每台锅炉宜设置1台～2台送风机，不设备用。

3 送风机的风量和压头应符合下列规定：

1) 送风机的基本风量按锅炉燃用设计煤种计算，应包括锅炉在额定蒸发量时所需的空气量及制造厂保证的空气预热器运行一年后送风侧的净漏风量。

2) 当采用三分仓空气预热器时，送风机的风量裕量不低于5%，另加温度裕量，可按"夏季通风室外计算温度"来确定；送风机的压头裕量不低于15%。

3) 当采用管箱式或两分仓空气预热器时，送风机的风量裕量宜为10%，压头裕量宜为20%。

4) 当采用热风再循环系统时，送风机的风量裕量不应小于冬季运行工况下的热风再循环量。

4 对燃烧低热值煤或低挥发分煤的锅炉，当每台锅炉装有2台送风机时，应验算风机裕量选择，使其在单台送风机运行工况下能满足锅炉最低不投油稳燃负荷时的需要。

9.3.2 引风机的形式、台数、风量和压头裕量应符合下列规定：

1 引风机宜选用高效离心式风机。当技术经济比较合理时，宜采用调速风机。

2 锅炉容量为65t/h级及以下时，每台锅炉应设1台引风机；锅炉容量为130t/h级及以上时，每台锅炉宜设1台～2台引风机，不设备用。

3 引风机的风量和压头应符合下列规定：

1）引风机的基本风量，按锅炉燃用设计煤种和锅炉在额定蒸发量时的烟气量及制造厂保证的空气预热器运行一年后烟气侧漏风量及锅炉烟气系统漏风量之和考虑。

2）引风机的风量裕量不低于10%，另加10℃～15℃的温度裕量。

3）引风机的压头裕量不低于20%。

4 对燃烧低热质煤或低挥发分煤的煤粉炉，当每台锅炉装有2台引风机时，应验算在单台引风机运行工况下能满足锅炉不投油助燃最低稳燃负荷时的需要。

9.3.3 循环流化床锅炉的一、二次风机均宜采用高效离心式风机，当技术经济比较合理时，宜采用调速风机。220t/h级及以下锅炉每炉各1台；410t/h级锅炉应每炉各1台～2台，不应设备用。一、二次风机风量和压头裕量应符合下列规定：

1 基本风量按锅炉燃用设计煤种计算，应包括锅炉在额定蒸发量时需要的风量及制造厂保证的空气预热器运行一年后一次侧（二次风机对应二次侧）的净漏风量。

2 风机风量裕量不宜小于20%，另加温度裕量，可按"夏季通风室外计算温度"来确定。

3 风机压头裕量应分段考虑，炉膛背压（床层等阻力）裕量应由锅炉厂提供，从空气预热器进口至一次风喷嘴（二次风机对应二次风喷嘴）出口的阻力裕量应取44%，从风机进口至空气预热器进口间的阻力裕量应取风机选型风量与基本风量比值的平方值。

9.3.4 循环流化床锅炉如需要配置高压流化风机，宜选用离心式或罗茨风机。220t/h级及以下锅炉，每炉宜配2台50%容量；410t/h级锅炉每炉宜配3台50%容量。风机的风量裕量与压头裕量不应小于20%。

9.3.5 锅炉如需要设置安全监控保护系统的冷却风机，每炉宜选用2台离心风机，其中1台运行，1台备用。风机的风量裕量与压头裕量应满足锅炉安全监控保护系统的冷却要求。

9.3.6 除尘设备的选择应根据建设项目环境影响报告书批复的对烟气排放粉尘量及粉尘浓度的要求、煤灰特性、锅炉燃烧方式、工艺、场地条件和灰渣综合利用的要求等因素，经技术经济比较后确定。除尘器在下列条件下仍应能达到保证的除尘效率：

1 除尘器的烟气量应按燃用设计煤种在锅炉额定蒸发量时的空气预热器出口烟气量计算，应加10%的裕量；烟气温度为燃用设计煤种在锅炉额定蒸发量时的空气预热器出口温度加10℃～15℃。

2 除尘器的烟气量应按燃用校核煤种在锅炉额定蒸发量时的空气预热器出口烟气量计算，烟气温度为燃用校核煤种在锅炉额定蒸发量时的空气预热器出口温度。

9.3.7 在除尘器前、后烟道上应设置必要的采样孔及采样操作平台。

9.3.8 烟囱台数、形式、高度和烟气出口流速应根据建设项目环境影响报告书和烟囱防腐要求、同时建设的锅炉台数、烟囱布置和结构上的经济合理性等综合考虑确定。接入同一座烟囱的锅炉台数宜为2台～4台。

9.4 点火及助燃油系统

9.4.1 循环流化床炉、煤粉炉及其他炉型的点火及助燃燃料可采用轻柴油。发电厂附近有煤气或燃气供应时，也可采用煤气、燃气点火及助燃，此时应参照相关的安全技术规定设计。当重油的供应和油品质量有保证时，也可采用重油点火及助燃。煤粉炉应采用小油枪点火、少油（微油）点火、等离子点火等节油点火方式。

9.4.2 点火及助燃油罐的个数及容量宜符合下列规定：

1 当采用220t/h级以下容量的煤粉炉时，全厂宜设置1个～2个50m^3～100m^3的油罐。

2 当采用220t/h～410t/h级的煤粉炉时，全厂宜设置2个200m^3～500m^3的油罐。

3 煤粉炉采用等离子点火、小油枪点火、少油(微油)点火等节油点火方式时,油罐容量可比以上容量减小1个～2个等级。

　　4 循环流化床锅炉的油罐容量可比相应容量煤粉锅炉减小1个～2个等级。

9.4.3 点火及助燃油宜采用汽车运输。发电厂就近有油源时,可采用管道输送。当采用铁路运输时,应设置卸油站台,其长度可按能容纳1节～2节油槽车设计,并应符合铁路部门的调车要求。当采用水路运输时,卸油码头宜与灰渣码头、运大件码头或煤码头合建。

9.4.4 卸油方式应根据油质特性、输送方式和油罐情况等经技术经济比较后确定。卸油泵形式、台数和流量应符合下列规定:

　　1 卸油泵形式应根据油质黏度、卸油方式及消防规范要求来确定。

　　2 如果卸油时间有规定要求,卸油泵台数不宜少于2台,当最大一台泵停用时,其余泵的总流量应满足在规定的卸油时间内卸完车、船的装载量。

　　3 卸油泵的扬程及其电动机的容量应按输送油达到最大黏度时的工况考虑,扬程裕量宜为30%。

9.4.5 点火及助燃油系统供油泵的形式、出力和台数宜符合下列规定:

　　1 输(供)油泵形式应根据油质和供油参数要求确定,宜选用离心泵或螺杆泵。

　　2 供油泵的出力宜按容量最大一台锅炉在额定蒸发量时所需燃料热量的20%～30%选择。

　　3 供油泵的台数宜为2台,其中1台备用。

　　4 供油泵的流量裕量不宜小于10%,扬程裕量不宜小于5%,扬程计算中的燃油管道系统总阻力(不含油枪雾化油压及高差)裕量不宜小于30%。

9.4.6 输油泵房宜靠近油库区。燃油泵房内应设置适当的通风、起吊设施和必要的检修场地及值班室，如自动控制及消防设施可满足无人值班要求时，可不设置值班室。油泵房内的电气设备应采用防爆型。

9.4.7 至锅炉房的供油、回油管道设计宜符合下列规定：

　　1 供油、回油管道宜各采用1条。

　　2 每台锅炉的供油和回油管道上应装设油量计量装置。供油总管上可装设油量计量装置。

　　3 各台锅炉的供油管道上应装设快速切断阀和手动关断阀。各台锅炉的回油管道上宜装设快速切断阀。

　　4 对黏度大、易凝结的燃油，其卸油、贮油及供油系统应有加热、吹扫设施。对于燃油管道可设置蒸汽伴热或其他方式的伴热管，以及蒸汽或压缩空气吹扫管。蒸汽吹扫系统应有防止燃油倒灌的措施。

9.4.8 燃油系统中应设污油、污水收集及有关的含油污水处理设施。

9.4.9 油系统的设计应符合现行国家标准《石油库设计规范》GB 50074的有关规定。燃油罐、输油管道和燃油管道的防爆、防火、防静电和防雷击的设计，应符合现行国家标准《爆炸和火灾危险环境电力装置设计规范》GB 50058和《火力发电厂与变电站设计防火规范》GB 50229的有关规定。

9.4.10 地上或半地下式金属燃油罐宜设置移动式或固定式与移动式相结合的冷却水系统。

9.5 锅炉辅助系统及其设备

9.5.1 锅炉排污系统及其设备应符合下列规定：

　　1 锅炉排污扩容系统宜2台～4台炉设置1套。

　　2 锅炉宜采用一级连续排污扩容系统。对高压热电厂的汽包锅炉，根据扩容蒸汽的利用条件，可采用两级连续排污扩容系统；连续排污系统应有切换至定期排污扩容器的旁路。

3 定期排污扩容器的容量应满足锅炉事故放水的需要。

9.5.2 锅炉向空排汽的噪声应符合环境保护的要求。向空排放的锅炉点火排汽管应装设消声器。起跳压力最低的汽包安全阀和过热器安全阀排汽管宜装设消声器。

9.5.3 空气预热器应防止低温腐蚀和堵灰,宜按实际需要情况设置空气预热器入口空气加热系统,根据技术经济比较可选用热风再循环、暖风器或其他空气加热系统。当煤质条件较好、环境温度较高或空气预热器冷端采用耐腐蚀材料,确保空气预热器不被腐蚀、不堵灰时,可不设空气加热系统。对转子转动式三分仓空气预热器,当烟气先加热一次风时,在空气预热器一次风侧可不设空气加热装置,仅在二次风侧设置。

1 对暖风器系统应符合下列规定:
　1)暖风器的设置部位应通过技术经济比较确定,对北方严寒地区,暖风器宜设置在风机入口。
　2)暖风器在结构和布置上应考虑降低阻力的要求。对年使用小时数不高的暖风器,可采用移动式结构。
　3)选择暖风器所用的环境温度,对采暖区宜取冬季采暖室外计算温度,对非采暖区宜取冬季最冷月平均温度,并适当留有加热面积裕量。

2 热风再循环系统宜用于管式空气预热器或较低硫分和灰分的煤种及环境温度较高的地区。回转式空气预热器采用热风再循环系统时,应考虑风机和风道的防磨要求,热风再循环率不宜过大;热风抽出口应布置在烟尘含量低的部位。

9.6 启动锅炉

9.6.1 需要设置启动锅炉的发电厂,其启动锅炉的台数、容量和燃料根据机组容量、启动方式,并结合地区气象条件等具体情况应符合下列规定:

1 启动锅炉容量只考虑启动中必需的蒸汽量,不考虑裕量和主汽轮机冲转调试用汽量、可暂时停用的施工用汽量及非启动用的其他用汽量。

  2 启动锅炉最大容量不宜超过 $1\times10t/h$。

  3 启动锅炉宜按燃油快装炉设计。严寒地区的启动锅炉,可与施工用汽锅炉结合考虑,以燃煤为宜,炉型可选用快装炉或常规炉型。

9.6.2 启动锅炉的蒸汽参数宜采用低压(1.27MPa)锅炉,有关系统应简单、可靠和运行操作简便,其配套辅机不设备用。必要时启动锅炉系统可考虑便于今后拆迁的条件。对燃煤启动锅炉房的设计宜简化,但工艺系统设计应满足生产要求和环境保护要求。

9.6.3 对扩建电厂,宜采用原有机组的辅助蒸汽作为启动汽源,可不设启动锅炉。

10 除灰渣系统

10.1 一般规定

10.1.1 除灰渣系统的选择应根据灰渣量、灰渣的化学物理特性、锅炉形式及除尘器和排渣装置的形式,冲灰水水质、水量以及发电厂与贮灰场的距离、高差以及总平面布置、交通运输、地形、地质、可用水源和气象等条件,经过技术经济比较确定。当条件合适时,应采用干除灰方式。

10.1.2 对已落实粉煤灰综合利用条件的电厂,应设计厂内粉煤灰的集中及外运接口。对有灰渣综合利用意向,但其途径和条件都暂不落实时,设计应为灰渣的综合利用预留条件。

10.1.3 除灰渣系统的容量应按锅炉额定蒸发量燃用设计煤种时排出的总灰渣量计算。厂内各分系统的容量可根据具体情况分别留有一定裕度,厂外输送系统的容量宜根据综合利用的落实情况确定。

10.2 水力除灰渣系统

10.2.1 拟定水力除灰系统时,应采用电厂复用水,并经过技术经济比较,合理确定制浆方式和灰水浓度。

10.2.2 厂内灰渣水力输送可采用压力管和灰渣沟两种方式,应根据锅炉排渣装置及除尘器形式、锅炉房和厂区布置以及贮灰场位置等条件确定。

10.2.3 采用离心灰渣泵的水力除灰渣系统,当一级离心泵的扬程不能满足要求时,宜采用离心灰渣泵直接串联的方式。

10.2.4 采用容积式灰浆泵系统输送灰浆液,应采用高浓度输送。

10.2.5 采用浓缩机浓缩灰浆时,浓缩机的选择应符合下列规定:

1 浓缩机直径应根据排灰量及浓缩机的单位出力确定。

2 浓缩机宜采用高位布置。

3 浓缩机排浆管应设有反冲洗水管道,冲洗水源应可靠,水压不应小于0.4MPa。

10.2.6 浓缩机的备用台数应符合下列规定:

1 当全厂除灰系统设有备用或事故排灰条件时,可不设备用。

2 当全厂除灰系统无备用或不具备事故排灰条件时,浓缩机不宜少于2台,而且当其中1台故障时,其余浓缩机的总出力应能承担不低于除灰系统80%的计算灰量。

10.2.7 除灰渣系统的灰渣沟设计应符合下列规定:

1 灰渣沟不设备用,布置应短而直,并应考虑扩建时便于连接,沟底应采用铸石等耐磨镶板衬砌。

2 电厂内其他系统的排水、污水等不宜排入灰渣沟。

3 灰渣沟坡度应符合下列规定:

　　1)灰沟坡度不应小于1%。

　　2)固态排渣炉的渣沟坡度不应小于1.5%。

　　3)液态排渣炉的渣沟坡度不应小于2%。

　　4)输送高浓度灰渣浆的灰渣沟,其坡度宜适当加大。

10.2.8 在一套水力除灰渣系统中,主要设备的备用台数应符合下列规定:

1 经常运行的清水泵应各有1台(组)备用。

2 在一个泵房内,离心式灰渣(浆)泵和容积式灰浆泵的备用台(组)数应按下列原则确定:

　　1)当1台(组)运行时,设1台(组)备用。

　　2)当2台(组)～3台(组)运行时,设2台(组)备用。

　　3)对于容积式灰浆泵,当只设2台(组)备用时,可以预留第二台(组)备用泵的基础。

10.2.9 当采用沉渣池除渣系统时,沉渣池的几何尺寸应根据渣浆量、渣的颗粒分析、沉降速度及外部输送条件等因素确定。沉渣池宜采用两格,每格有效容积不宜小于该除渣系统24h的排渣量。当采用脱水仓除渣系统时,脱水仓的容积应根据锅炉排渣量、外部输送条件等因素确定。每台脱水仓的有效容积不宜小于该除渣系统24h的排渣量。

10.2.10 当运行的厂外灰渣(浆)管为1条～3条时,应设1条备用管。当灰渣管磨损或结垢严重时,应采取防磨或防结垢、除垢措施。

10.2.11 当采用普通钢管作灰渣管时,除壁厚应满足强度要求外,还应符合下列规定:

    1 灰管壁厚不应小于7mm。

    2 渣管壁厚不应小于10mm。

    3 弯管和管件可采用耐磨管。

    4 当灰渣具有严重磨损特性时,对直管段经技术经济比较后,也可采用耐磨管。

10.3 机械除渣系统

10.3.1 锅炉采用机械除渣系统时,应根据渣量、渣的特性、输送距离及渣综合利用的要求等因素,经过技术经济比较,可选用水浸式刮板捞渣机、干式风冷输渣机或埋刮板输送机等设备输送锅炉底渣。当条件允许时,宜优先采用机械方式将渣提升至贮渣仓。

10.3.2 当采用水浸式刮板捞渣机方案时,应符合下列规定:

    1 宜采用单级刮板捞渣机输送至渣仓方案,其最大出力不宜小于锅炉额定蒸发量时燃用设计煤种排渣量的400%。与渣接触的刮板捞渣机部件应采用耐磨、耐腐蚀材料制成。

    2 刮板捞渣机的水浸槽水深应能保证渣块充分粒化,并大于锅炉炉膛最大正压值。

    3 刮板捞渣机的头部倾角不应大于35°,并设有清洗链环的设施。

10.3.3 当采用干式风冷输渣机方案时,设备的最大出力不宜小于锅炉额定蒸发量时的燃用设计煤种排渣量的250%,且不宜小于燃用校核煤种排渣量的150%。

10.3.4 埋刮板输送机应选用电厂专用耐磨、低速输灰渣埋刮板输送机。埋刮板输送机的布置应符合下列规定:

1 埋刮板输送机可采用水平布置和倾斜布置两种形式。当采用倾斜布置时,倾斜角不宜大于10°。

2 埋刮板输送机驱动装置有水平和立式两种形式,设计时可按具体情况选用。当采用高位布置时应设置检修平台。

3 埋刮板输送机宜为单路布置。

10.3.5 贮渣仓应尽量靠近锅炉底渣排放点布置。贮渣仓的容积应按锅炉排渣量、外部运输条件等因素确定,其有效容积宜满足该除渣系统24h~48h的排渣量。当贮渣仓仅作为中转或缓冲渣仓使用时,其有效容积宜满足该除渣系统8h的排渣量。

10.4 干式除灰系统

10.4.1 除灰系统应根据灰量、输送距离、灰的特性、除尘器形式及集灰斗布置等情况,经过技术经济比较,选用负压气力除灰系统、正压气力除灰系统和空气斜槽、埋刮板输送机、螺旋输送机等输送系统,以及由以上方式组合的联合系统。

10.4.2 气力除灰系统的设计出力应根据系统排灰量、系统形式、运行方式等确定。采用连续运行方式的系统出力不应小于锅炉额定蒸发量时的燃用设计煤种排灰量的150%,不应小于燃用校核煤种排灰量的120%;对于采用间断运行方式的系统不应小于锅炉额定蒸发量时的燃用设计煤种排灰量的200%。静电除尘器第一电场灰斗的容积不宜小于8h集灰量。

10.4.3 正压气力除灰系统设置的空气压缩机,当运行的空气压缩机为1台~2台时,应设1台备用;运行3台及以上时,可设2台备用。

10.4.4 负压气力除灰系统应设置专用的抽真空设备。在一个单元系统内，当1台～2台抽真空设备经常运行时，宜设1台备用。

10.4.5 空气斜槽的风源宜由专用风机供气，专用风机可不设备用，有条件时也可由锅炉送风系统供给。空气斜槽的布置应符合下列规定：

1 空气斜槽的斜度不应小于6%。

2 空气斜槽宜考虑防潮保温措施。

3 灰斗与空气斜槽之间应装设插板门和电动锁气器。

4 落灰管与空气斜槽之间，以及鼓风机与风嘴之间宜用软连接。

5 静电除尘器下分路斜槽的输送方向宜从一电场向二(三)电场方向输送。

10.4.6 灰库的总容量宜符合下列规定：

1 当作为中转或缓冲灰库时，宜满足贮存8h的系统排灰量。

2 当作为贮运灰库时，宜满足贮存24h～48h的系统排灰量。

10.4.7 灰库设计为平底库时，在库底应设置气化槽。气化空气应为热空气，气化空气系统应设专用的空气加热器，加热后的气化空气管道应保温。

10.4.8 灰库卸灰设施的配置应符合下列规定：

1 当厂外采用水力输送时，应设干灰制浆装置。

2 当车(船)装卸干灰时，应设防止干灰飞扬的设施。

3 当外运调湿灰时，应设干灰调湿装置，加水量宜为灰质量的15%～30%。

10.5 灰渣外运系统

10.5.1 采用车辆运输灰渣时，宜采用封闭式自卸汽车，并优先利用社会运力解决。

10.5.2 厂外灰渣输送采用带式输送机时，在厂区应具有短期贮存的措施。渣应经过冷却调湿或冷却脱水,灰应加水调湿。带式输送机应按单路设计,其设计出力应根据系统输送量、输送距离和运行方式等确定,不宜小于电厂灰渣最大排放量的300%。除严寒地区外,带式输送机不宜采用封闭栈桥,但应设必要的防护罩或采用管状带式输送机。

10.5.3 采用船舶外运灰渣时,应根据灰渣运输量和船型设置灰码头及装船设施。

10.6 控制及检修设施

10.6.1 除灰渣系统的控制方式应根据系统的复杂性及设备对运行操作的要求确定,可采用集中控制、自动程序控制、就地控制方式。对采用自动程序控制或集中控制的除灰渣系统,可根据控制要求设置调试用就地控制按钮。

10.6.2 在除灰渣设备集中布置处应设置必要的检修场地和起吊设施。

10.7 循环流化床锅炉除灰渣系统

10.7.1 循环流化床锅炉底渣输送系统宜采用机械输送系统,当底渣量较小时,经技术经济比较也可采用气力输送系统,其系统出力不宜小于锅炉额定蒸发量时燃用设计煤种排渣量的250%,且不宜小于燃用校核煤种排渣量的200%。不宜采用水力输送系统。

10.7.2 循环流化床锅炉底渣系统底渣库库顶除尘器的布袋宜选用耐高温滤料。采用机械输送系统时,渣库库顶除尘器宜设排气风机。

10.7.3 当循环流化床锅炉飞灰采用气力输送系统时,其系统输送出力的确定应按本规范第10.4节中气力除灰系统的规定执行。

11 脱 硫 系 统

11.0.1 脱硫工艺的选择应根据锅炉容量及炉型、燃料含硫量、建设项目环境影响报告书批复对脱硫效率的要求、吸收剂资源情况和运输条件、水源情况、脱硫废水、废渣排放条件、脱硫副产品利用条件以及脱硫工艺成熟程度等综合因素,经全面技术经济比较后确定。对于改、扩建电厂,还应考虑现场场地布置条件的影响,因地制宜。脱硫工艺的选择还应符合下列规定:

1 中小容量循环流化床锅炉宜优先采用炉内脱硫的方式。

2 燃煤含硫量大于或等于2%的机组,应优先采用石灰石-石膏湿法烟气脱硫工艺。

3 燃煤含硫量小于2%的机组或对于剩余寿命低于10年的老机组以及在场地条件有限的已建电厂加装脱硫装置时,在环保要求允许的条件下,宜优先采用半干法、干法或其他费用较低的成熟工艺。

4 经全面技术经济比较合理后,可采用氨法烟气脱硫工艺。

5 燃煤含硫量小于或等于1%的海滨电厂,在海水碱度满足工艺要求、海域环境影响评价取得国家有关部门审查通过的情况下,可采用海水法烟气脱硫工艺;燃煤含硫量大于1%的海滨电厂,在满足上述条件且经技术经济比较后,也可采用海水法脱硫工艺。

6 水资源匮乏地区的燃煤电厂宜优先采用节水的干法、半干法烟气脱硫工艺。

7 脱硫装置的可用率应在95%以上。

11.0.2 脱硫吸收剂应符合下列规定:

1 吸收剂应有可靠的来源,并宜由市场直接购买符合要求的成品；当条件许可且方案合理时，可由电厂自建吸收剂制备车间；必须新建吸收剂加工制备厂时，应优先考虑区域性协作，即集中建厂，应根据投资及管理方式、加工工艺、厂址位置、运输条件等进行综合技术经济论证。

  2 厂内吸收剂储存容量应根据供货连续性、货源远近及运输条件等因素确定，不宜小于3d的需用量。

  3 吸收剂的制备储运系统应有防止二次扬尘、挥发泄漏等污染，保证安全的措施。

  4 循环流化床锅炉脱硫石灰石粉储存及输送系统应符合下列规定：

  1）成品石灰石粉进厂，可直接采用气力输送至石灰石粉仓（库）内存放备用。在厂内破碎制备后的石灰石粉宜采用气力输送，有条件时也可采用密闭刮板输送机或螺旋输送机输送，宜单路设置。

  2）石灰石粉输送宜采用一级输送系统，也可采用二级输送系统。

  3）一级输送系统的石灰石粉库容积宜为锅炉额定蒸发量时24h的消耗量，二级输送石灰石粉仓容积宜为锅炉额定蒸发量时3h～4h的消耗量。

  4）至锅炉炉膛的石灰石粉宜采用气力输送，各条输送管路宜对称布置。

  5）气力输送系统出力设计应根据锅炉所需石灰石粉的消耗量、运行方式等因素确定。当采用连续运行方式时，系统设计出力不应小于石灰石粉的消耗量的150%，当采用间断运行方式时，系统设计出力不应小于石灰石粉的消耗量的200%。

  6）若石灰石粉采用二级且风机输送时，宜配置1台～2台定容式输送风机。

11.0.3 烟气脱硫反应吸收装置容量、数量应符合下列规定：

1 反应吸收装置的额定容量宜按锅炉设计或校核煤种额定工况下的烟气条件,取其中较高者,不应增加容量裕量。

　　2 反应吸收装置的入口 SO_2 浓度(设计值和校核值)应经调研,考虑燃煤实际采购情况和含硫量变化趋势,选取其变化范围中的较高值。

　　3 反应吸收装置应能在锅炉最低稳燃负荷工况和额定工况之间的任何负荷持续安全运行。反应吸收装置的负荷变化速度应与锅炉负荷变化率相适应。

　　4 反应吸收装置入口烟温应按锅炉设计煤种额定工况下从主烟道进入脱硫装置接口处的运行烟气温度加10℃(短期按照加50℃)设计,并应注意在锅炉异常运行条件下采取适当措施,不致造成对设备的损害。

　　5 反应吸收装置的数量应根据锅炉容量、反应吸收装置的容量及可靠性等确定。当采用湿法工艺时,宜2台炉配1台反应吸收塔;半干法脱硫工艺可1台炉配1台反应吸收塔,根据工艺条件也可2台炉配1台反应吸收塔。

　　6 反应吸收装置内部应根据工艺特点考虑可靠的防腐措施。

11.0.4 当脱硫系统设增压风机时,其容量应根据处理烟气量选择,风量裕量不宜小于10%,另加不低于10℃～15℃的温度裕量,压头裕量不宜小于20%。当脱硫系统增压风机与引风机合并设置时,锅炉炉膛瞬态防爆压力的选取应考虑风机压头较大的因素。

11.0.5 应根据建设项目环境影响报告书批复要求确定是否设置湿法脱硫工艺的烟气-烟气换热器。

11.0.6 烟气脱硫装置旁路烟道的设置,宜根据脱硫工艺的技术特性和脱硫装置的可靠性确定;在条件允许的情况下,可不设烟气脱硫装置旁路烟道。湿法脱硫装置不设旁路烟道时,脱硫装置的可用率应保证满足整体机组运行可用率的要求。设置旁路烟道的脱硫装置进口、出口和旁路挡板门(或插板门)应有良好的操作和密封性能。旁路挡板门(或插板门)的开启时间应能满足脱硫装置故障不引起锅炉跳闸的要求。

11.0.7 反应吸收装置出口至烟囱的低温烟道,应根据不同的脱硫工艺采取必要的适当的防腐措施。

11.0.8 脱硫工艺设计应为脱硫副产品的综合利用创造条件,经技术经济论证合理时,脱硫副产品可经过适当加工后外运,其加工深度、品种及数量应根据可靠的市场调查结果确定。若脱硫副产品无综合利用条件时,可考虑将其输送至储存场,但宜与灰渣分别堆放,留有今后综合利用的可能性,并应采取防止副产品造成二次污染的措施。厂内脱硫副产品的贮存方式,根据其具体物性,可堆放在贮存间内。贮存的容量应根据副产品的运输方式确定,不宜小于24h。

11.0.9 当吸收剂和脱硫副产品是浆液状态,其输送系统应考虑防堵措施和加装管道清洗装置。

11.0.10 脱硫控制室的设置及控制水平应符合下列规定:

1 脱硫控制室宜与除灰空压机室、除尘配电室等合并布置在脱硫装置附近,也可结合工艺流程和场地条件设独立的脱硫控制室。

2 脱硫系统的控制水平应与机组控制水平相当。

11.0.11 脱硫装置高、低压厂用电电压等级及厂用电系统中性点接地方式应与电厂主体工程一致。脱硫装置的高压负荷直接由主厂房高压段供电,在脱硫区设低压脱硫变压器向脱硫低压负荷供电,其高压电源引至主厂房高压段。

11.0.12 脱硫工艺系统的布置应符合下列规定:

1 脱硫反应吸收装置宜布置于锅炉尾部烟道及烟囱附近。

2 吸收剂制备和脱硫副产品加工场地宜在脱硫反应吸收装置附近集中布置,也可布置于其他适当地点。

3 脱硫反应吸收装置宜露天布置,并应有必要的防护措施。

12 脱硝系统

12.0.1 脱硝工艺的选择应符合下列规定：

1 新建、扩建发电机组的锅炉应根据建设项目环境影响报告书批复要求预留烟气脱硝装置空间或同步建设烟气脱硝装置。循环流化床锅炉不宜设置烟气脱硝装置。煤粉炉在进行炉膛和燃烧器结构选型时宜采取降低氮氧化物排放的措施。

2 煤粉炉烟气脱硝工艺的选择应根据机组容量、煤质情况、锅炉氮氧化物排放浓度、对脱硝效率的要求、反应剂资源情况和运输条件、废水排放条件、脱硝副产品利用条件以及脱硝工艺成熟程度等综合因素，经技术经济比较确定。对于改造机组，还应考虑现场场地布置条件等特点。

3 当条件许可且技术经济比较合理时，可采用同时脱硫脱硝一体化的工艺。

12.0.2 脱硝反应剂应符合下列规定：

1 脱硝反应剂应有可靠的来源。

2 厂内脱硝反应剂储存容量应根据供货连续性、货源远近及运输条件等因素确定。

3 脱硝反应剂的制备储运系统应有防止挥发、泄漏等污染的措施。如果有防火、防爆、防毒等方面的要求，应有相应保证安全的措施。

12.0.3 脱硝工艺如需要采用催化剂，应制定失效催化剂的妥善处理措施，优先选择可再生循环利用的催化剂，应避免二次污染。

12.0.4 脱硝装置不宜设置旁路烟道。

12.0.5 当脱硝装置引起引风机风压增加较大时，锅炉炉膛瞬态防爆压力的选取应考虑相应因素。

12.0.6 如果装设脱硝装置有可能生成腐蚀和堵塞锅炉空气预热器的产物时,空气预热器的设计应采取特殊的措施减轻或消除其影响。

12.0.7 脱硝反应装置容量、台数的选择应符合下列规定:

1 脱硝反应装置的额定容量宜按锅炉相对应的烟气量设计,不增加容量余量。

2 脱硝反应装置应采用单元制,即每台锅炉配 1 台反应装置。

3 脱硝反应装置入口烟温应按正常运行烟气温度设计,并应注意在锅炉异常运行条件下采取适当措施不致造成对设备的损害。

12.0.8 脱硝反应区控制系统宜纳入机组分散控制系统(DCS),脱硝反应剂制备储运控制系统宜通过可编程控制器(PLC)控制或纳入机组分散控制系统(DCS)。

12.0.9 脱硝工艺系统的布置应符合下列规定:

1 脱硝反应装置宜根据脱硝工艺的流程布置于锅炉本体或尾部烟道及烟囱附近。

2 脱硝反应剂制备储运系统的布置应满足与周边建筑物相应的间距要求,布置于适当地点。必要时,应考虑不利风向的影响,系统设备区域内应设有通畅的道路和疏散通道。

3 脱硝反应装置宜露天布置,但应有必要的防护措施。

13 汽轮机设备及系统

13.1 汽轮机设备

13.1.1 发电厂的机组选择应符合下列规定：

1 供热式汽轮机的容量和台数应根据热负荷的大小和性质，并以热定电的原则合理确定。条件许可时，应优先选择较大容量、较高参数的汽轮机。

2 小型发电厂不宜选用凝汽式汽轮机。在电网覆盖不到的边远地区或无电地区，当不具备小水电和可再生能源资源且煤炭资源丰富而又交通不便，以及电网覆盖不到的小水电供电地区，考虑枯水期补充电力的需要，在有煤炭来源条件时，可因地制宜地选择适当规模容量的凝汽式汽轮机或抽凝式汽轮机。

3 干旱指数大于1.5的缺水地区，宜选用空冷式汽轮机。

13.1.2 供热式汽轮机机型的最佳配置方案应在调查核实热负荷的基础上，根据设计的热负荷曲线特性，经技术经济比较后确定。

13.1.3 供热式汽轮机的选型应符合下列规定：

1 具有常年持续稳定的热负荷的热电厂，应按全年基本热负荷优先选用背压式汽轮机。

2 具有部分持续稳定热负荷和部分变化波动热负荷的热电厂，应选用背压式汽轮机或抽汽背压式汽轮机承担基本稳定的热负荷，再设置抽凝式汽轮机承担其余变化波动的热负荷。

3 新建热电厂的第一台机组不宜设置背压式汽轮机。

13.1.4 热电厂的热化系数可按下列原则选取：

1 热电厂的热化系数宜小于1。

2 热化系数必须因地制宜、综合各种影响因素经技术经济比较后确定，并宜符合下列规定：

1）单机容量小于或等于100MW级、兼供工业和民用热负荷的热电厂,其热化系数宜小于1。
2）对以供常年工业用汽热负荷为主的热电厂,其热化系数宜取0.7～0.8。
3）对于以采暖热负荷为主的成熟区域(即建设规模已接近尾声,每年新投入的建筑面积趋于0),其热化系数宜控制在0.6～0.7之间。
4）对于以采暖热负荷为主的发展中供热区域(每年均有一定量新建筑投入供暖的),其热化系数可大于0.8,甚至接近1。
5）在选取热化系数时,应对热负荷的性质进行分析。年供热利用小时数高、日负荷稳定的,取高值;年供热利用小时数低、日负荷波动大的,取低值。

13.1.5 对季节性热负荷差别较大或昼夜热负荷波动较大的地区,为满足尖峰热负荷,可采用下列方式供热:

1 应利用热电厂的锅炉裕量,经减温减压装置补充供热。
2 应采用供热式汽轮机与尖峰锅炉房协调供热。
3 应选留热用户中容量较大、使用时间较短、热效率较高的燃煤锅炉补充供热。

13.1.6 采暖尖峰锅炉房与热电厂采用并联供热系统或串联供热系统,应经技术经济比较后确定,并宜符合下列规定:

1 当采用并联供热时,采暖锅炉房宜建在热电厂或热电厂附近。
2 当采用串联供热时,采暖锅炉房宜建在热负荷中心或热网的远端。

13.2 主蒸汽及供热蒸汽系统

13.2.1 主蒸汽管道宜采用切换母管制系统。
13.2.2 热电厂厂内应设供热集汽联箱。向厂外同一方向输送的

供热蒸汽管道宜采用单管制系统;采用双管或多管制系统,应符合下列规定:

1 当同一方向的各用户所需蒸汽参数相差较大,或季节性热负荷占总热负荷比例较大,经技术经济比较合理时,可采用双管或多管制系统。

2 对特别重要而不允许停汽的热用户,需由两个热源供汽时,可设双管输送。每根管道的管径宜按最大流量的60%设计。

3 当热用户按规划分期建设,初期设单管不能满足规划容量参数要求或运行不经济时,可采用双管或多管制系统。

13.3 给水系统及给水泵

13.3.1 给水管道应采用母管制系统,并应符合下列规定:

1 给水泵吸水侧的低压给水母管,宜采用分段单母管制系统。其管径应比给水箱出水管径大1级~2级。给水箱之间的水平衡管的设置可根据机组的台数和给水箱间的距离等因素综合确定。

2 给水泵出口的压力母管,当给水泵的出力与锅炉容量不匹配时,宜采用分段单母管制系统;当给水泵的出力与锅炉容量匹配时,宜采用切换母管制系统。

3 给水泵的出口处应设有给水再循环管和再循环母管。

4 备用给水泵的吸水管宜位于低压给水母管两个分段阀门之间,出口的压力管宜位于分段压力母管两个分段阀门之间或接至切换母管上。

5 高压加热器后的锅炉给水母管,当高加出力与锅炉容量不匹配时,宜采用分段单母管制系统;当高加出力与锅炉容量匹配时,宜采用切换母管制系统。

13.3.2 发电厂的给水泵的台数和容量应符合下列规定:

1 发电厂应设置1台备用给水泵,宜采用液力耦合器调速。

2 给水泵的总容量及台数应保证在任何一台给水泵停用时,

其余给水泵的总出力仍能满足所连接的系统的全部锅炉额定蒸发量的110％。

　　3　每台给水泵的容量宜按其对应的锅炉额定蒸发量的110％给水量来选择。

13.3.3　当采用汽动给水泵时，宜符合下列规定：

　　1　不与电网连接或电网供电不可靠的发电厂，宜设置1台汽动给水泵。

　　2　厂用低压蒸汽需常年经减温减压器供给的热电厂，经供热量平衡和技术经济比较后，可采用1台～2台经常运行的汽动给水泵。

　　3　高压供热机组当有中压抽汽时，可供小背压机带动给水泵，小背压机的排汽再供除氧器用汽或接至供热管网。

13.3.4　给水泵的扬程应为下列各款之和：

　　1　锅炉额定蒸发量时的给水流量，从除氧给水箱出口至省煤器进口给水流动的总阻力，另加20％的裕量。

　　2　汽包正常水位与除氧器给水箱正常水位间的水柱静压差。当锅炉本体总阻力中包括其静压差时，应为省煤器进口与除氧器正常水位间的水柱静压差。

　　3　锅炉额定蒸发量时，省煤器入口的进水压力。

　　4　除氧器额定工作压力（取负值）。

13.4　除氧器及给水箱

13.4.1　除氧器的总出力应按全部锅炉额定蒸发量的给水量确定。当利用除氧器作热网补水定压设备时，应另加热网补水量。每台机组宜设置1台除氧器。

13.4.2　给水箱的总容量根据热负荷变动的大小，宜符合下列规定：

　　1　给水箱的总容量，对130t/h及以下的锅炉宜为20min全部锅炉额定蒸发量时的给水消耗量。

2 对130t/h以上、410t/h级及以下锅炉宜为10min～15min全部锅炉额定蒸发量时的给水消耗量。

13.4.3 凝汽式发电厂及补水量少的热电厂,补水应进入凝汽器进行初级真空除氧。对于凝汽器带鼓泡式除氧装置的供热机组也应进入凝汽器进行初级真空除氧。

13.4.4 对补给水量大的热电厂,当有合适的热源时,可在除氧器前装设补给水加热器。当无合适的热源时,可采用允许常温补水的除氧器。

13.4.5 对以供采暖为主的热电厂,热网加热器的疏水有条件时可直接进入除氧器;当无条件时应装设疏水冷却器,降温后再进入除氧器。当采用高温疏水直接进入除氧器,且技术经济比较合理时,可选用0.25MPa～0.412MPa(绝对压力)、120℃～145℃的中压除氧器或0.5MPa(绝对压力)、饱和温度为158℃的高压除氧器。

13.4.6 高压供热机组在保证给水含氧量合格的条件下,可采用一级高压除氧器。否则,补给水应先采用凝汽器鼓泡式除氧装置或另设低压除氧器初级除氧后,再经中继水泵送至高压除氧器。

13.4.7 多台相同参数的除氧器的有关汽、水管道宜采用母管制系统。

13.4.8 除氧器给水箱的最低水位面到给水泵中心线间的水柱所产生的压力,不应小于下列各款之和:

1 给水泵进口处水的汽化压力和除氧器的工作压力之差。

2 给水泵的汽蚀余量。

3 给水泵进水管的流动阻力。

4 给水泵安全运行必需的富裕量3kPa～5kPa。

13.4.9 除氧器及给水箱应设有防止过压爆炸的安全阀及排汽管道,除氧器及其给水箱的设计还应满足现行行业标准《锅炉除氧器技术条件》JB/T 10325的有关要求。

13.5 凝结水系统及凝结水泵

13.5.1 发电厂的凝结水宜采用母管制系统。

13.5.2 凝汽式机组的凝结水泵的台数、容量应符合下列规定：

1 每台凝汽式机组宜装设 2 台凝结水泵，每台容量为最大凝结水量的 110%，宜设置调速装置。

2 最大凝结水量应为下列各项之和：
  1) 汽轮机最大进汽工况时的凝汽量。
  2) 进入凝汽器的经常补水量和经常疏水量。
  3) 当低压加热器疏水泵无备用时，可能进入凝汽器的事故疏水量。

13.5.3 供热式机组的凝结水泵的台数、容量应符合下列规定：

1 工业抽汽式机组或工业、采暖双抽汽式机组，每台机组宜装设 2 台或 3 台凝结水泵，并应符合下列规定：
  1) 当机组投产后即对外供热时，宜装设 2 台凝结水泵。每台容量宜为设计热负荷工况下的凝结水量，另加 10% 的裕量。设计热负荷工况下的凝结水量不足最大凝结水量 50% 的，每台容量按最大凝结水量的 50% 确定。
  2) 当机组投产后需做较长时间低热负荷工况运行时，宜装设 3 台凝结水泵，每台容量宜为设计热负荷工况下的凝结水量，另加 10% 的裕量。设计热负荷工况下的凝结水量不足最大凝结水量 50% 的，每台容量应按最大凝结水量的 50% 确定。

2 采暖抽汽式机组宜装设 3 台凝结水泵，每台容量宜为最大凝结水量的 55%。

3 设计热负荷工况下的凝结水量应为下列各项之和：
  1) 机组在设计热负荷工况下运行时的凝汽量。
  2) 进入凝汽器的经常疏水量。
  3) 当设有低压加热器疏水泵而不设备用泵时，可能进入凝汽器的事故疏水量。

  4 最大的凝结水量应为下列各项之和：

   1）抽凝式机组按纯凝汽工况运行时，在最大进汽工况下的凝汽量。

   2）进入凝汽器的经常补水量和经常疏水量。

   3）当设有低压加热器疏水泵而不设备用泵时，可能进入凝汽器的事故疏水量。

13.5.4 凝结水泵的扬程应为下列各款之和：

  1 从凝汽器热井到除氧器凝结水入口的凝结水管道流动阻力，另加20%的裕量。低压加热器的疏水，经疏水泵并入主凝结水管道的，在并入点前应按最大凝结水量计算；在并入点后，应加上低压加热器疏水量计算。

  2 除氧器凝结水入口与凝汽器热井最低水位间的水柱静压差。

  3 除氧器入口凝结水管喷雾头所需的喷雾压力。

  4 除氧器最大工作压力，另加15%的裕量。

  5 凝汽器的最高真空。

13.6 低压加热器疏水泵

13.6.1 容量为25MW级及以上的机组，可设低压加热器疏水泵；容量为25MW级以下的机组，可不设低压加热器疏水泵。

13.6.2 低压加热器疏水泵的容量及台数应符合下列规定：

  1 低压加热器的疏水泵容量应按汽轮机最大进汽工况时，接入该泵的低压加热器的疏水量，另加10%的裕量确定。

  2 低压加热器的疏水泵宜设1台，不设备用。但低压加热器的疏水应设有回流至凝汽器的旁路管路。

13.6.3 低压加热器的疏水泵扬程应为下列各款之和：

  1 从低压加热器到除氧器凝结水入口的介质流动阻力，另加20%的裕量。

2 除氧器凝结水入口与低压加热器最低水位间的水柱静压差。

3 除氧器入口喷雾头所需的喷雾压力。

4 除氧器最大工作压力,另加15%的裕量。

5 对应最大凝结水量工况下低压加热器内的真空。加热器为正压力时,应取负值。

13.7 疏水扩容器、疏水箱、疏水泵与低位水箱、低位水泵

13.7.1 疏水扩容器、疏水箱和疏水泵的容量和台数的选择应符合下列规定:

1 疏水扩容器的容量,对25MW级及以下的机组,宜为$0.5m^3 \sim 1m^3$。对50MW级及以上的高压机组宜分别设置高压疏水扩容器和低压疏水扩容器,容量宜分别为$1.5m^3$。

2 发电厂设置65t/h~130t/h锅炉时,疏水箱可装设2个,其总容量为$20m^3$。发电厂设置220t/h~410t/h级锅炉时,疏水箱可装设2个,其总容量为$30m^3$。

3 疏水泵采用2台。每台疏水泵的容量宜按在0.5h内将1个疏水箱的存水打至除氧器给水箱的要求确定。其扬程应按相应的静压差、流动阻力及除氧器工作压力,另加20%裕量确定。

13.7.2 当低位疏放水量较大、水质好可供利用时,可装设1台容量为$5m^3$的低位水箱和1台低位水泵。低位水泵的容量宜按在0.5h内将低位水箱内的存水打至疏水箱的要求确定。其扬程应按相应的静压差、流动阻力另加20%的裕量确定。当疏水箱低位布置时,可不设低位水箱。

13.8 工业水系统

13.8.1 发电厂应设工业水系统。其供水量应满足主厂房及其邻近区域锅炉、汽轮机辅助机械设备的冷却用水、轴封用水及其他用水量,并应符合下列规定:

1 汽轮机的冷油器和发电机的空气冷却器的冷却用水均应由循环水直接供水。

2 当循环水的压力和水质能满足其他设备冷却供水要求时,应采用循环水直接供水。循环水压力无法达到的用水点,应设置升压泵供水。

13.8.2 发电厂的工业用水应有可靠的水源。工业水应具有独立的供、排水系统,并应结合扩建机组设备的冷却供水要求,统一规划。

13.8.3 工业水系统应符合下列规定:

1 以淡水作冷却水水源,不需要处理即可作为工业用水的,宜采用开式系统;需经处理的,可视具体情况,采用开式或闭式系统,或开式、闭式相结合的系统。

2 以再生水作冷却水水源,不宜用再生水直接冷却的辅机设备,宜采用除盐水闭式循环冷却系统。此时,闭式循环水-水冷却器应采用再生水作为冷却水源。

3 以海水作为凝汽器冷却水水源,工业水可采用淡水闭式或海水开式系统,或淡水闭式、海水开式相结合的系统。

4 50MW级及以上的机组,工业水可采用闭式除盐水系统。

5 在开式工业水系统中,可视具体情况确定设置工业水箱。在闭式工业水系统中,宜设置高位水箱、回水箱(池)、水泵及水-水冷却器或其他冷却设备。

13.8.4 工业水管道宜采用母管制系统。

13.8.5 工业水泵的总容量应满足所连接的工业水系统最大用水量的需要,另加10%的裕量。

13.8.6 母管制工业水系统,当机组为2台~3台时,宜采用2台工业水泵,其中1台备用;当机组为4台及以上时,宜选用3台工业水泵,其中1台备用。

13.8.7 工业水泵的扬程应为下列各款之和:

1 最高工业用水点或高位工业水箱进口与工业水泵中心线

或工业水泵吸水池最低水位间的水柱静压差。

2 从工业水泵进水始端到最高用水点出口或高位工业水箱进口间工业水的流动阻力（按最大用水量计算），另加20%的裕量。

3 工业水泵进口真空（进口为正压力时，取负值）；当从吸水池吸水时，本项不计入。

13.8.8 开式工业水系统的排水应回收利用。

13.8.9 工业水的排水系统可采用自流排水或采用自流排水与压力排水相结合的排水方式，并应符合下列规定：

1 自流排水应通过漏斗接入母管，引至排水沟或回水池。

2 排水漏斗后的管道，其管径应放大1级～2级。

3 连接至同一排水母管上的排水漏斗，应布置在同一标高上。

4 对高位设备的排水，除在设备附近设排水漏斗外，尚应在接入排水母管低端的统一标高处，设缓冲排水漏斗。

5 汽轮机的冷油器和发电机的空气冷却器的开式系统压力排水，宜接至循环水排水系统或工业冷却水压力排水系统。闭式系统的压力排水应直接接入排水母管，引至回水箱。

6 辅助设备轴承的压力排水管道上应装设流动指示器。

13.9 热网加热器及其系统

13.9.1 热水网系统的选择应符合下列规定：

1 采暖的热水网应采用由供水管和回水管组成的闭式双管制系统。

2 同时有生产工艺、采暖、通风、空调、生活热水等多种热负荷的热水网，当生产工艺热负荷和采暖热负荷所需热水参数相差较大，或季节性热负荷占总热负荷比例较大，经技术经济比较后，可采用闭式多管制系统。

13.9.2 热网加热器的容量和台数的选择应符合下列规定：

1 基本热网加热器的容量和台数应根据采暖通风和生活热水的热负荷进行选择，不设备用。但当任何一台加热器停止运行时，其余设备应能满足60%～75%热负荷的需要，严寒地区取上限。

　　2 热网尖峰加热器的设置应根据热负荷性质、输送距离、气象条件和热网系统等因素，经技术经济比较后确定。

13.9.3 当供热系统采用中央质调节时，热水网循环水泵的容量、扬程及台数应符合下列规定：

　　1 热网循环水泵不应少于2台，其中1台备用。热网循环水泵的总容量和台数应能保证其中任何一台停用时，其余的水泵应满足向热用户提供热水总流量的110%。

　　2 热网循环水泵的扬程应符合下列规定：

　　　1）热水在热网加热器的流动阻力。

　　　2）热水在供热管道中的流动阻力。

　　　3）热水在热力站或热用户系统中的压力损失。

　　　4）热水在回水管道中的流动阻力。

　　　5）热水在回水过滤器中的流动阻力。

　　　6）按1项～5项计算的扬程，应另加20%的裕量。

13.9.4 当热水网供热系统采用中央质—量调节时，采用连续改变流量的调节，应选用调速水泵；采用分阶段改变流量的调节，宜选用扬程和流量不等的泵组。

13.9.5 热网凝结水泵的容量、扬程及台数应符合下列规定：

　　1 热网凝结水泵的容量应按各级热网加热器逐级回流的总凝结水量（包括尖峰加热器投用时的最大凝结水量）的100%选取。

　　2 热网凝结水泵不应少于2台，其中1台备用。

　　3 热网凝结水泵的扬程应为下列各项之和：

　　　1）按包括尖峰加热器投用时的最大凝结水量计算，从基本热网加热器到除氧器凝结水入口的介质流动阻力，设有疏水冷却器的,应加疏水冷却器的阻力,并另加10%～20%的裕量。

　　2)除氧器入口喷雾头所需的喷雾压力。

　　3)除氧器入口处与基本热网加热器凝结水最低水位间的水柱静压差。

　　4)除氧器的最大工作压力,另加15%的裕量。

　　5)基本热网加热器汽侧的工作压力,如为正压力,取负值。

　4 热网凝结水泵应采用热水泵。

13.9.6 闭式热水网的正常补水量宜为热网循环水量的1%～2%。补水设备的容量宜为热网循环水量的4%,其中0.5%～1%的水量应采用除过氧的化学软化水以及锅炉排污水,其余所需水量则采用工业水或生活水。当采用工业水或生活水补给时,系统应装设记录式流量计。补入的工业水或生活水应加缓蚀剂。

13.9.7 热水网的补水方式、补给水泵的容量和台数应符合下列规定:

　　1 应优先利用锅炉连续排污扩容器排污水直接补入热网。利用除氧器水箱补水,当条件许可时,可直接补入热网。这两项直接补水能满足热网的正常补水量时,可按热网循环水量的2%设置事故时补入工业水或生活水的热网补给水泵1台。

　　2 在除氧器水箱贮水直接补入热网的系统中,热网循环水泵停用,不能维持热网所需静压时,应设热网补给水泵1台,容量可按热网循环水量的2%选取。

　　3 在热网回水压力较高,除氧器水箱的贮水不能直接补入热网的系统中,应设热网补给水泵2台,其中1台备用。每台泵的容量可按热网循环水量的2%选取。

13.9.8 热水网的定压方式应经技术经济比较后确定。补给水泵可兼作定压之用。定压点即补水点宜设在热网循环水泵的入口处。补给水泵可采用压力开关或无源一次仪表,自动控制补给水泵的启停。备用的热网补给水泵应能自动投入。

13.9.9 兼作定压用的热网补给水泵的扬程,应符合下列规定：
 1 热网系统中最高点与系统补水点的高差。
 2 高温热水的汽化压力。
 3 安全压力裕量30kPa～50kPa。
 4 补给水泵吸水管路中的阻力损失,另加20%的裕量。
 5 补给水泵出水管路中的阻力损失,另加20%的裕量。
 6 补给水箱的压力和补给水箱最低水位高出系统补水点的高度(取负值)。
 7 根据本条第1款～第6款计算结果选择的热网补给水泵的扬程,应与热水网水力工况计算的定压点的回水压力相一致。

13.9.10 热网循环水泵和补给水泵均应由两个彼此独立的电源供电。

13.9.11 热网系统应设有除污、放气和防止水击的措施。

13.10 减温减压装置

13.10.1 装有抽汽式汽轮机或背压式汽轮机的热电厂,应按生产抽汽或排汽每种参数各装设1套备用减温减压装置,其容量等于最大一台汽轮机的最大抽汽量或排汽量。

13.10.2 当任何一台汽轮机停用,其余汽轮机如能供给采暖、通风和生活用热的60%～75%(严寒地区取上限)时,可不装设采暖抽汽或排汽的备用减温减压装置。

13.10.3 当供热式机组的抽汽或排汽参数不适合作厂用汽源时,可采用减温减压装置或减压阀,将较高参数的抽汽或排汽降至所需要的参数。

13.10.4 经常运行的减温减压装置或减压阀,应设1套备用。

13.11 蒸汽热力网的凝结水回收设备

13.11.1 当采用间接加热的热用户能返回合格的凝结水,且在技术经济上合理时,发电厂应装设回水收集设备。回水箱的容量和数量应按具体情况确定,回收水箱不应少于2个。

13.11.2 回水泵宜设置2台,其中1台备用。每台泵的容量宜按在1h内将回水箱的存水抽出的要求确定,扬程可按送往除氧器的要求确定。

13.12 凝汽器及其辅助设施

13.12.1 凝汽器的水室、管板、管束材质应根据循环水水质确定。采用海水或受海潮影响含氯根较高的江、河水作循环水的机组,宜采用耐海水腐蚀的材质制造的凝汽器。

13.12.2 汽轮机的凝汽器,除水质好并证明凝汽器管材内壁不结垢,水中悬浮物较少的直流供水系统外,应装设胶球清洗装置。

13.12.3 汽轮机的凝汽器应配置可靠的抽真空设备。25MW级及以下的机组可配置射汽抽汽器或射水抽汽器;50MW～100MW级机组除可配置射水抽汽器外,也可采用水环式真空泵。

13.12.4 空冷机组的汽轮机抽真空系统,每台空冷机组宜设置2台水环式真空泵。每台泵的容量应满足凝汽器正常运行抽真空的需要。

14 水处理设备及系统

14.1 水的预处理

14.1.1 根据电厂附近全部可利用的、可靠的水源情况,经过技术经济比较,确定有代表性的水源跟踪并进行水质全分析,分析其变化趋势,选择可供电厂使用的水源。

14.1.2 对于地表水,应了解历年丰水期和枯水期的水质变化规律以及预测原水可能会被沿程污染情况,取得相应数据;对于受海水倒灌或农田排灌影响的水源,应掌握由此引起的水质波动;对石灰岩地区的地下水,应了解其水质稳定性;对于再生水、矿井排水等回用水应掌握其来源及深度处理实况;对于海水应了解高低潮位规律和含盐量。

14.1.3 对选定水源其水质若有季节性恶化,经技术经济比较后可设置备用水源。

14.1.4 原水水质全分析应符合下列规定:

  1 地表水、再生水应为全年逐月资料,共12份。

  2 地下水、海水、矿井排水应为全年每季资料,不少于4份。

  3 应对获得的水质资料进行验证并确定采用设计的设计水质和校核水质。原水水质全分析报告格式宜符合本规范附录A的规定。

14.1.5 原水预处理系统应在全厂水务管理的基础上根据原水水质、后续处理工艺对水质的要求、处理水量和试验资料,并参考类似厂的运行经验,结合当地条件,通过技术经济比较确定。原水预处理方式应满足下列规定:

  1 对于泥沙含量大于预处理系统设备所能承受情况时应设置降低泥沙含量的预沉淀设施。

2 根据水域有机物种类,可采用氯化处理或非氧化性杀生剂处理,上述处理仍不能满足下一级设备进水要求时,可同时采用活性炭、吸附树脂或其他方法去除有机物。

　　3 应根据原水中不同悬浮物、胶体的含量,选择沉淀(混凝)、澄清、过滤,接触混凝、过滤或膜过滤等预处理方式。

　　4 地下水含沙时应考虑除沙措施;原水中铁、锰以及非活性硅含量对后续水处理系统制水质量有影响时应考虑去除措施。

　　5 碳酸盐硬度偏高以及受到污染需综合治理的原水,经技术经济比较,宜选用石灰、弱酸离子交换或其他药剂联合处理。

　　6 当原水水温较低影响预处理效果时,宜采取加热措施。

　　7 对于再生水及矿井排水等回用水源,应根据水质特点采用生化处理、杀菌、过滤、石灰凝聚澄清、膜过滤等工艺。

14.1.6 预处理系统的设备选择应符合下列规定:

　　1 澄清器(池)的设置应符合下列规定:

　　　　1)澄清器(池)的选型应根据进水水质、处理水量、出水水质要求,并应结合当地条件确定。

　　　　2)澄清器(池)不宜少于2台,当有1台澄清器(池)检修时,其余的应保证正常供水。用于短期、季节性处理时可只设1台。

　　　　3)装有原水加热器的澄清器(池)前应设置空气分离装置。

　　2 过滤器(池)的设置应符合下列规定:

　　　　1)过滤器(池)的选型应根据进水水质、处理水量、处理系统和水质要求结合当地条件确定。

　　　　2)过滤器(池)不应少于2台(格),当有1台(格)检修时,其余过滤器(池)应保证正常供水。

　　3 超(微)滤装置的设置应符合下列规定:

　　　　1)超(微)滤装置的设计应根据进水水质特点和出水水质要求,选择合适的膜组件形式、膜材料以及装置的运行方式。

　　　　2)超(微)滤装置的套数不应少于2套。膜的配置应考虑其在使用过程中膜通量的衰减和压差升高的影响。

4 水箱(池)、水泵的设置应符合下列规定：
1) 预处理系统的各种水箱(池)其总有效容积应按系统自用水量、前后系统出力的配置以及系统运行要求设计，可按系统前级处理的1h~2h贮水量配置。
2) 母管制系统的水泵应考虑备用泵。当水泵的布置高于箱(池)最低水位时，每台泵应有独立吸水管。

14.1.7 澄清器(池)排泥、过滤器(池)反洗宜程序控制。

14.1.8 预处理系统应配置必要的在线监督仪表。

14.2 水的预除盐

14.2.1 水的预脱盐应包括海水淡化和苦咸水以及其他水预脱盐工艺。并应根据来水类型及水质特点选择合适的预脱盐工艺。

14.2.2 海水淡化工艺可采用反渗透法或蒸馏法技术。应根据厂址条件、海水水源及水质、供汽及供电、系统容量、出水水质要求等因素，经技术经济比较确定海水淡化工艺。

14.2.3 反渗透预脱盐应符合下列规定：

1 反渗透系统选择配置应符合下列规定：
1) 反渗透预脱盐系统应根据原水特性、预处理方式、回收率等合理选择系统配置。对于单级反渗透装置产品水回收率海水应为小于45%，其他水源取值应为55%~85%。
2) 反渗透装置宜按连续运行设计，不宜少于2套。宜考虑备用设备。整个系统应满足反渗透装置清洗及检修时系统的需水量。成品水产量应与后续系统用水量相适应，膜通量宜按下限选取。
3) 反渗透装置应有流量、压力、温度等控制措施；反渗透应采用变频高压泵并有进水低压保护和出水高压保护措施；并联连接数台反渗透装置时，应在每台装置出水管上设止回阀；反渗透装置淡水侧宜设爆破膜；浓水排放应装

  流量控制阀。

  4）反渗透装置浓水宜回收重复利用至合适用水点。

  5）反渗透装置应配套加药和清洗设施。

  6）海水预脱盐反渗透装置的材料应根据其所处部位有足够的强度和耐腐蚀能力。

  2 反渗透装置及其加药、清洗保养装置宜布置在室内，应考虑膜元件更换空间。

14.2.4 海水蒸馏淡化预脱盐应符合下列规定：

  1 应根据原料海水悬浮物含量、所选蒸馏装置对进水水质要求，确定海水预处理系统。

  2 蒸馏淡化装置应设置防海生物生长、防结垢和消泡等加药装置。

  3 蒸馏淡化装置系统出力可根据工程所需淡水用量确定。装置不设备用，其台数不宜少于2台。装置以及配套水箱、附属设施等宜露天布置。

  4 蒸馏淡化装置加热和抽真空用汽可采用汽轮机抽汽，加热蒸汽的参数可经技术经济比较后确定。

  5 多级闪蒸蒸发器盐水最高运行温度不应大于110℃，低温多效淡化装置操作温度宜小于70℃。装置材料应耐海水腐蚀，适应运行中温度、pH值、O_2、CO_2参数变化。热交换管可选择不锈钢、铜合金、铝合金或钛材，容器可选择不锈钢或碳钢涂衬耐高温防腐层。

14.2.5 淡化装置出水作为工业水时应采取水质调整措施，减轻工业用水系统腐蚀；作为饮用水时应考虑进一步后续处理，达到饮用水标准。

14.2.6 预脱盐系统运行方式应采取程序控制。

14.3 锅炉补给水处理

14.3.1 锅炉补给水处理系统应符合下列规定：

1 锅炉补给水处理宜采用离子交换组合除盐技术。应根据系统进水水质、汽轮发电机组给水、锅炉水和蒸汽质量标准、补给水率以及热网回收水率等因素拟定工艺系统。

2 无前置预脱盐系统的离子交换装置,再生阴树脂的碱再生液宜加热,温度不应高于40℃。

3 离子交换树脂的工作交换容量宜按树脂性能参数、(单元制)阳床、阴床体内装载树脂量或比照类似运行经验确定。

4 进行选择系统的技术经济比较时,应采用锅炉正常补水量和全年原水平均水质进行核算,并用最坏原水水质对系统及设备进行校核。

5 锅炉补给水处理系统出力应按发电厂全部正常水、汽损失与启动或事故增加的水、汽损失以及除盐系统自用水量之和确定。发电厂各项水汽损失可按表14.3.1计算。

表14.3.1 发电厂各项正常水、汽损失和外供除盐水

序号	损失类别	正常损失
1	发电厂厂内水、汽系统循环损失	锅炉额定蒸发量的2%~3%
2	发电厂汽包锅炉排污损失	根据计算或锅炉厂资料,但不宜小于0.3%
3	发电厂其他用水、用汽损失	根据工程资料
4	对外供汽损失	根据工程资料
5	闭式热水网损失	热水网水量的0.5%~1%或根据工程资料
6	对外供给除盐水量	根据工程资料

注:1 启动或事故增加的损失宜按全厂最大一台锅炉额定蒸发量的6%~10%或不少于10m³/h考虑;

2 汽包锅炉正常排污损失不宜超过下列数值:凝汽式电厂为1%,供热电厂为2%;

3 发电厂其他用水、用汽及闭式热水网补充水应经技术经济比较,确定合适的供汽方式和补充水处理方式;

4 发电厂闭式辅机冷却水系统损失按冷却水量的0.3%~0.6%计算或按实际消耗量。

14.3.2 锅炉补给水处理设备选择应符合下列规定：

1 各种离子交换器数量不应少于2台，正常再生次数宜按每台每昼夜不超过1次考虑。

2 中间水箱的有效容积：固定床单元制系统宜为其制水出力6min贮水量、浮动床单元制系统宜为其制水出力4min贮水量，中间水箱容积不应小于$2m^3$；母管制系统宜为需流经水箱流量的15min～30min贮水量。

3 电除盐装置的产水量应与其前面处理工艺的容量匹配，装置产水回收率应大于90%，当有极水排放时应采取氢气泄放措施。

4 除盐水箱容积应配合水处理设备出力并满足最大一台锅炉化学清洗或机组启动用水需求，总有效容积宜按2h～3h的全厂补给水量确定。除盐水箱宜采取减少水被空气污染的措施。

5 水处理车间至主厂房的除盐水管道流通能力应能满足同时输送最大一台机组启动耗水或锅炉化学清洗需水量以及其余机组正常补水量。

14.4 热力系统的化学加药和水汽取样

14.4.1 热力系统的化学加药处理应符合机组汽水品质要求和现行行业标准《火力发电厂水汽化学监督导则》DL/T 561的有关规定，并应符合下列规定：

1 锅炉炉水宜采取磷酸盐或氢氧化钠碱性处理。

2 锅炉给水应加氨校正水质处理。

3 锅炉给水宜加联氨处理。

4 设有闭式除盐水冷却系统机组应设置闭冷水加药设施。药品可选用联氨、磷酸盐或其他缓蚀剂。

5 药品配制应采用除盐水或凝结水。

14.4.2 加药部位宜根据锅炉制造厂汽水系统确定。

14.4.3 加药系统宜按建设机组台数合理设置。经常连续运行的每种药液箱不应少于2台。

14.4.4 药液箱应有搅拌设施,固体药品进料口应设置过滤网,每台加药泵进液侧宜有过滤装置,出液管道上应装设稳压器、压力表。

14.4.5 应根据机组容量、类型、参数以及化学监督要求确定热力系统水汽取样点,并应符合现行行业标准《火力发电厂水汽分析方法 第2部分:水汽样品的采集》DL/T 502.2的有关规定。取样点引出部位应根据炉水、给水运行工况和加药方式确定。

14.4.6 每台机组宜设置水汽集中取样分析装置,配备满足机组运行要求的在线监测仪表。

14.4.7 水汽取样系统应有可靠、连续、稳定的冷却水源,宜采用除盐水或闭冷水。

14.4.8 加药、取样管宜采用不锈钢管。

14.4.9 加药、取样装置宜物理集中布置,宜就近设立现场水汽化验室。

14.5 冷却水处理

14.5.1 冷却水处理系统应根据凝汽器冷却方式、全厂水量平衡、冷却水质等,经技术经济比较后确定。并应考虑防垢、防腐和防菌藻及水生物滋生等因素,选择节约用水、保护环境的处理工艺。

14.5.2 凝汽器二次循环冷却水系统,淡水或其他水浓缩倍率不应小于3.5倍;采用海水冷却塔时浓缩倍率不应大于2.5倍。

14.5.3 采用再生水或其他回收水作为循环水补充水水源时,水质满足运行要求可直接补入循环水系统,否则应进行深度处理。深度处理设施宜设在电厂内。

14.5.4 凝汽器管材采用铜管时宜设置硫酸亚铁(或其他药品)成

膜处理设施,加药点应靠近凝汽器入水口。

14.6 热网补给水及生产回水处理

14.6.1 热网补给水可采用锅炉排污水、软化水、反渗透出水或一级除盐水。其处理工艺应综合考虑全厂水处理系统,经技术经济比较确定。

14.6.2 生产回水的处理方式应根据污染情况确定,可采用单独处理系统或与锅炉补给水处理系统合并。

14.6.3 生产回水水质标准应符合下列规定:

    1 总硬度小于或等于 $50\mu g/L$。

    2 总铁量小于或等于 0.5mg/L。

    3 含油量小于或等于 10mg/L。

14.7 药品贮存和溶液箱

14.7.1 化学水处理药品仓库的设置应根据药品消耗量、供应和运输条件等因素确定。

14.7.2 药品储存设施宜靠近铁路或厂区道路。药品仓库内应采取相应的防腐措施,必须设置安全防护设施和通风设施。

14.8 箱、槽、管道、阀门设计及其防腐

14.8.1 水箱(池)应设有水位计、进水管、出水管、溢流管、排污管、呼吸管及人孔等,并有便于维修、清扫的措施。

14.8.2 管道材质及阀门应满足介质特性要求。

14.8.3 寒冷地区的室外水箱及管道、阀门、液位计等应有保温和防冻措施。

14.8.4 箱(池)、槽的内表面应按贮存液体的性质进行防腐衬涂。排水沟内表面和直埋钢管外表面应衬涂合适的防腐层。选择防腐材料应兼顾衬涂施工时的职业卫生及劳动安全有关规定。

14.9 化验室及仪器

14.9.1 发电厂应根据机组容量、参数并结合全厂在线化学表计配置水平,设置分析水汽、煤、油的化学试验室并配备相应分析仪器。水处理车间宜设置现场化验室。当企业设有中心试验室时,自备电厂宜只设值班化验室与相应的仪器设备。

14.9.2 化验室位置应远离有污染场所。

15 信息系统

15.1 一般规定

15.1.1 全厂信息系统的总体规划与建设应做到技术先进、经济合理,满足电厂实际建设与运行的需要。

15.1.2 全厂信息系统的总体规划与建设应在企业统一规划的框架下进行。

15.1.3 以计算机为基础的不同信息系统,在满足安全可靠的前提下,宜采用统一的网络和硬件系统。不同系统应尽可能避免软件及功能配置的相互交叉与重复。

15.1.4 发电厂各信息系统的设计均应考虑安全防范措施,有效防止病毒感染和黑客入侵等。

15.2 全厂信息系统的总体规划

15.2.1 发电厂信息系统主要包括管理信息系统(MIS)、报价系统、视频监控系统和门禁管理系统等。

15.2.2 在全厂各控制系统和信息系统总体规划设计中,应合理利用各系统的信息资源,使得控制系统和信息系统协调统一。

15.2.3 全厂信息系统的总体规划应考虑发电厂的信息特征与信息需求,满足在设计、施工、调试和运行等阶段的实际需要。

15.2.4 全厂信息系统的总体规划应兼顾现状,立足本期,考虑未来。

15.2.5 全厂信息系统的总体规划应充分利用全厂所有控制系统的实时生产信息,应通过合理的网络接口和数据库设置,将全厂各控制系统和信息系统有效进行集成。

15.2.6 实时系统与非实时系统之间的数据流向应为单向传输,

并应采取必要的隔离措施。

15.3 管理信息系统(MIS)

15.3.1 发电厂管理信息系统应根据企业需要设置,其规模与配置应根据企业总体规划和电厂实际需求确定。管理信息系统应统一规划、分布实施。

15.3.2 对于新建电厂,应预留规划容量下未来扩建所需的扩容能力;对于扩建电厂,应充分考虑已有信息系统,必要时可对现有信息系统进行改造或重新建设。

15.3.3 管理信息系统应包括建设期管理信息系统和生产期管理信息系统两部分。建设期管理信息系统的功能至少应包括进度管理、质量管理、物资管理、费用管理、安全环境管理、图纸文档管理、综合查询、系统维护等。生产期管理信息系统的功能至少包括:生产管理、设备管理、燃料管理、经营管理、行政管理、综合查询、系统维护等。在进行生产期管理信息系统的开发时,应充分考虑建设期管理信息系统的资源,应注意和建设期管理信息系统的衔接、过渡问题。

15.3.4 管理信息系统的主要关键硬件宜考虑冗余配置,包括数据库服务器、核心交换机以及核心交换机与二级交换机之间的光纤通道等。

15.3.5 管理信息系统的数据应取自实时/历史数据库、关系数据库、资料数据库和文件系统,范围宜覆盖各专业和各应用领域,并实现通用的数据存储。

15.3.6 信息分类与编码应符合下列规定:

1 信息分类与编码原则:对于信息的分类与编码应尽量采用已有标准;若没有标准可循,应按照科学性、唯一性、实用性、可扩充性的原则制定分类编码原则。

2 标准信息分类编码列表:对信息管理系统中采用的标准信息分类编码进行列表说明。

3 自编信息分类编码列表:对信息管理系统中自编的信息分类编码进行列表说明,并说明编码原则。

15.4 报价系统

15.4.1 发电厂报价系统应根据电力市场交易系统的要求设置。

15.5 视频监视系统

15.5.1 全厂视频监视系统应根据企业需要设置,可分为安保视频监视系统和生产视频监视系统。

15.5.2 安保和生产视频监视系统的监视范围宜包括:主厂房(包括汽轮机油系统、制粉系统、炉前油燃烧器、电缆夹层等危险区)、集中控制室、锅炉炉后(除尘、脱硫)、升压站区、重要设备区域(如高/低压配电间)、输煤系统、冷却塔区域、无人值班的辅助车间、与厂区安全有关的重要区域(如厂大门、材料库、综合楼)等。

15.5.3 视频监视系统的功能宜包括:实时监控、动态存储、实时报警、历史画面回放、网络传输等。

15.5.4 全厂可设置一套视频监视系统,也可将生产视频监视系统和安保视频监视系统分开设置。

15.5.5 视频监视系统的设备选择应符合现行国家标准《民用闭路监视电视系统工程技术规范》GB 50198 的有关规定。

15.6 门禁管理系统

15.6.1 发电厂可根据企业需要设置门禁管理系统。

15.6.2 门禁管理系统的应用范围宜包括:主厂房内的重要设备区域,如电子设备间、高/低压配电间、计算机房等,无人值班的辅助车间,生产综合楼区域的重要房间如试验室、信息系统机房等。

15.6.3 门禁管理系统的功能宜包括:实时监控、进出权限管理、记录、报警、消防报警联动等。

15.7 布　　线

15.7.1 发电厂的布线设计应符合现行国家标准《综合布线系统工程设计规范》GB 50311 的有关规定，宜对管理信息系统、视频监控系统和门禁管理系统等按综合布线方式统一考虑。

15.8 信息安全

15.8.1 信息安全设计应按照信息系统配置的内容，分别考虑硬件、网络操作系统、数据库、应用服务、客户服务和终端等的安全防范措施。

15.8.2 信息安全设计应考虑硬件和环境的安全，包括服务器和存储设备的备份和灾难恢复、网络设备的安全及环境要求等。

15.8.3 信息安全设计应考虑网络操作系统的安全，包括系统的可靠性，系统间的访问控制，用户的访问控制。

15.8.4 信息安全设计应考虑数据库的安全，数据库应具有对存储数据的全面保护功能，包括对数据安全及数据恢复的要求、用户访问控制、数据的一致性和保密性等。

15.8.5 信息安全设计应考虑应用系统的安全，包括用户访问控制、身份识别、操作记录、防病毒、防黑客等。

15.8.6 信息安全设计应考虑厂内各信息系统之间互联接口以及与外部相关接口的安全性。

16 仪表与控制

16.1 一般规定

16.1.1 仪表与控制系统的选型应针对机组的特点进行设计,以满足机组安全、经济运行、机组启停控制的要求。

16.1.2 仪表与控制系统应选择技术先进、质量可靠、性价比高的设备和元件。

16.1.3 对于新产品、新技术应在取得成功的应用经验后方可在设计中使用。

16.1.4 对于分散控制系统(DCS)或可编程控制器(PLC)应考虑安全防范措施。

16.2 控制方式及自动化水平

16.2.1 控制方式宜采用集中控制。集中控制方式有机炉电集中控制、机炉集中控制、锅炉集中控制、汽机集中控制方式。运行人员在少量就地操作和巡检人员的配合下,通过设置在集中控制室或控制室的操作员站,实现机组的启动、停止和正常运行工况下的监视和调整,以及异常运行工况下的事故处理和紧急停机。

16.2.2 机组或主厂房控制系统应采用分散控制系统(DCS)或者采用可编程控制器(PLC)构成。控制系统应设置有操作员站、工程师站、历史站、打印机等。自备发电厂控制水平、控制系统、控制设备的选择应与企业整体自动化水平一致或相当。

16.2.3 对于单元制机组,每台机组设置一套控制系统;对于母管制汽水系统,可根据母管制的情况,设置一套或多套控制系统;对于热电厂内的热网系统,宜纳入机组或主厂房控制系统监控。

16.2.4 辅助车间应根据车间相临或性质相近、本着减少控制点的原则，进行合并控制室，以便按区域集中控制。对于工艺流程简单、就地操作方便的辅助车间也可采用就地控制方式。

16.2.5 对于采用集中控制方式的辅助车间，每个区域应设置一套控制系统，其监控系统可采用可编程控制器（PLC）或分散控制系统（DCS）构成。脱硫监控系统宜与主厂房监控系统硬件一致，脱硫系统也可采用远程I/O或硬接线的方式，纳入机组或主厂房控制系统监控。

16.2.6 湿冷机组循环水泵（或空冷机组辅机冷却水泵房）、空冷岛系统、燃油泵房、空压机房、脱硝系统及非湿式脱硫系统、热网等宜采用远程I/O或硬接线的方式，纳入机组或主厂房控制系统监控。

16.3 控制室和电子设备间布置

16.3.1 控制室和电子设备间的布置应按电厂规划容量和机组类型与数量，进行统一考虑。对于分阶段建设的电厂，可按每一阶段工程建设的特点设置控制室和电子设备间。

16.3.2 对于单元制系统，应设置集中控制室。对于母管制汽水系统，根据母管制的情况设置相应的集中控制室。集中控制室的标高应与运行层相同。

16.3.3 仪表与控制电子设备间可与电气电子设备间合并设置，也可单独设置。电子设备间可根据工艺设备的布置情况，确定相对集中设置或分散设置。

16.3.4 辅助车间可设置三个控制点：燃料系统控制点、水系统控制点、灰渣系统控制点。每个控制点设置控制室，电子设备间和控制室宜合并设置。

16.3.5 脱硫控制室可单独设置，当条件许可时应与灰渣系统的控制室合并设置。

16.3.6 控制室和电子设备间布置位置及面积应符合下列规定：
    1 控制室和电子设备间宜位于被控设备的适中位置。

2 便于电缆进入电子设备间。

3 避开大型振动设备的影响。

4 不应坐落在厂房伸缩缝和沉降缝上或不同基座的平台上。

5 控制室操作台前的运行维护操作场地应满足运行监控人员工作方便和交接班的需要。

6 控制室和电子设备间的净空应满足安全、安装、检修、维护以及运行监控人员工作需要。

7 盘柜到墙、盘柜两侧的通道和盘柜之间的通道应满足热控设备最小安全距离、维护、检修、调试、通行、散热的要求。

16.3.7 控制室和电子设备间的环境设施应符合下列规定：

1 控制室和电子设备间应有良好的空调、照明、隔热、防火、防尘、防水、防振、防噪声等措施。

2 电子设备间还应满足控制系统、控制设备对环境的要求。

16.4 测量与仪表

16.4.1 测量与仪表的设计应满足机组安全、经济运行的要求，并能准确地测量、显示工艺系统各设备的运行参数和运行状态。

16.4.2 测量与仪表应包括下列内容：

1 锅炉的主要运行参数应包括下列内容：

1）炉膛压力或负压。

2）汽包水位。

3）锅炉金属壁温。

4）烟气含氧量。

5）煤粉锅炉炉膛火焰监视。

6）循环流化床锅炉床温。

7）循环流化床锅炉床压。

8）锅炉出口主蒸汽压力。

9）锅炉出口主蒸汽温度。

10）锅炉母管蒸汽压力。

11）锅炉母管蒸汽温度。
　2　汽轮机的主要运行参数应包括下列内容：
　　1）汽轮机调速级压力（如果有）。
　　2）各段抽汽压力。
　　3）各段抽汽温度。
　　4）汽轮机排汽真空。
　　5）汽轮机转速。
　　6）汽轮机轴承金属温度。
　　7）汽轮机振动。
　　8）汽轮机轴向位移。
　　9）汽轮机润滑油压力。
　　10）汽轮机主汽门前蒸汽压力。
　　11）汽轮机主汽门前蒸汽温度。
　　12）主蒸汽流量。
　3　热网的主要运行参数应包括下列内容：
　　1）对外供热温度。
　　2）对外供热压力。
　　3）对外供热流量。
　4　除氧给水系统的主要运行参数应包括下列内容：
　　1）除氧器水位。
　　2）除氧器压力。
　　3）主给水压力。
　　4）主给水流量。
　5　脱硫系统的主要运行参数。
　6　辅助系统的主要运行参数。
　7　空冷岛系统的主要运行参数。
　8　主要辅机的状态和运行参数。
　9　仪表和控制用电源、气源的状态和运行参数。
16.4.3　检测仪表选择应符合下列规定：

1 仪表精度等级应符合以下要求：
　　1）经济计算和分析的检测仪表 0.5 级。
　　2）主要参数的检测仪表 1 级。
　　3）其他检测仪表 1.5 级或 2.5 级。
　　2 仪表和控制设备应根据所在区域选择适当的防护等级。
　　3 测量腐蚀性或黏性介质时，应选用具有防腐性能的仪表、隔离仪表或采用适当的隔离措施。
　　4 根据危险场所的分类，对于装设在爆炸危险区域的仪表和控制设备，应选择合适的防爆仪表和控制设备。
　　5 不宜使用含有对人体有害物质的仪器仪表，严禁使用含汞仪表。

16.4.4 主辅机设备和工艺管道应装设供巡检人员进行现场检查和就地操作的就地检测仪表。

16.5 模拟量控制

16.5.1 模拟量控制系统应满足机组正常运行的控制要求。控制回路的设计应按照实用、可靠的原则。应尽可能适应机组在启动过程中以及不同负荷阶段中安全经济运行的需求，还应考虑机组在事故及异常工况下与相应的联锁保护的措施。

16.5.2 模拟量控制宜设置下列项目：
　　1 锅炉给水调节系统。
　　2 锅炉燃料量调节系统。
　　3 锅炉炉膛压力调节系统。
　　4 锅炉过热蒸汽温度调节系统。
　　5 锅炉母管蒸汽压力调节系统。
　　6 除氧器压力调节系统。
　　7 除氧器水位调节系统。
　　8 加热器水位调节系统。
　　9 热网减温减压器温度调节系统。

10 热网减温减压器压力调节系统。
11 循环流化床锅炉床温调节系统。
12 循环流化床锅炉床压调节系统。

16.6 开关量控制及联锁

16.6.1 开关量控制的功能应满足机组的启动、停止及正常运行工况的控制要求，并能实现机组在异常运行工况下的事故处理和紧急停机的控制操作，保证机组安全。

16.6.2 具体功能应满足下列要求：

1 实现风机、泵、阀门、挡板的顺序控制。

2 在发生局部设备故障跳闸时，联锁启动和停止相关的设备。

3 实现状态报警、联锁及保护。

16.6.3 顺序控制应按驱动级、子组级水平进行设计，设计应遵守保护、联锁操作优先的原则。在顺序控制过程中出现保护、联锁指令时，应将控制进程中断，并使工艺系统按照保护、联锁指令执行。

16.7 报 警

16.7.1 报警应包括下列内容：

1 工艺系统的主要参数偏离正常范围。

2 保护动作及主要辅助设备故障。

3 控制电源故障。

4 控制气源故障。

5 主要电气设备故障。

6 有毒/有害气体泄漏。

16.7.2 机组或主厂房控制系统的所有模拟量输入、开关量输入、模拟量输出、开关量输出和中间变量的计算值，都可作为数据采集系统的报警信号源。

16.7.3 报警系统应具有自动闪光、音响和人工确认等功能。机组或主厂房控制系统的功能范围内的全部报警项目应能在操作员站显示器上显示和打印机上打印。在机组启停过程中应抑制虚假报警信号。

16.7.4 控制室也可设置少量常规光字牌报警器进行报警，其输入信号不宜取自控制系统的输出，光字牌报警窗应仅限于下列内容：

　　1 重要参数偏离正常值。
　　2 主要保护跳闸。
　　3 重要控制装置电源故障。

16.7.5 当采用机炉集中控制或汽机集中控制方式时，电气主控制室与集中控制室之间应设置机电联系信号。

16.8 保　　护

16.8.1 保护应符合下列规定：

　　1 保护系统的设计应有防止误动和拒动的措施，保护系统电源中断和恢复不会误发动作指令。

　　2 保护系统应遵循独立性的原则，并应符合下列规定：

　　　　1）锅炉、汽轮机跳闸保护系统的逻辑控制器应单独冗余设置，或者设置独立的系统。当保护采用独立的系统时，其控制器也应冗余设置。

　　　　2）保护系统应有独立的输入/输出信号(I/O)通道，并有电隔离措施。

　　　　3）冗余的 I/O 信号应通过不同的 I/O 模件引入。

　　　　4）触发机组跳闸的保护信号的开关量仪表和变送器应单独设置。

　　　　5）用于跳闸、重要的联锁和超驰控制的信号直接采用硬接线，而不应通过数据通信总线发送。

　　3 在操作台上应设置停止汽轮机和解列发电机的跳闸按钮，跳闸按钮应不通过逻辑直接接至停汽轮机的驱动回路。

  4 保护系统输出的操作指令应优先于其他任何指令。

  5 停机、停炉保护动作原因应设置事件顺序记录，并具有事故追忆功能。

  6 汽轮机跳闸保护宜纳入机组或主厂房控制系统。

16.8.2 锅炉的主要保护项目应包括下列内容：

  1 汽包水位保护。

  2 主蒸汽压力保护。

  3 炉膛压力保护。

  4 循环流化床锅炉床温保护。

  5 对于220t/h级及以上的煤粉锅炉，设置总燃料跳闸保护。

  6 锅炉厂家要求的其他保护。

16.8.3 汽轮机的主要保护项目，应包括下列内容：

  1 汽轮机超速保护。

  2 汽轮机润滑油压力低保护。

  3 汽轮机轴向位移大保护。

  4 汽轮机轴承振动大保护。

  5 汽轮机厂家要求的其他保护。

16.8.4 发电机的主要保护项目应包括下列内容：

  1 发电机断水保护。

  2 发电机厂家要求的其他保护。

16.8.5 辅助系统的相关保护。

16.9 控 制 系 统

16.9.1 控制系统的可利用率至少应为99.9%。

16.9.2 控制系统在卡件、端子排等设置时，各种I/O和合计I/O数量应考虑10%～20%的备用量。

16.9.3 控制器的数量应按照控制系统功能的分工或按工艺系统的分类进行设置，控制器的数量应满足保护和控制的要求。

16.9.4 控制器的处理能力应有40%的余量,操作员站处理器能力应有60%的余量。

16.9.5 共享式以太网通信负荷率不大于20%,其他网络通信负荷率不大于40%。

16.9.6 当机组或主厂房控制系统发生全局性或重大故障时,为确保机组紧急安全停机,应设置独立于控制系统的后备硬接线操作手段。

16.9.7 重要模拟量项目的变送器应冗余设置。

16.10 控制电源

16.10.1 机组或主厂房控制系统、汽轮机控制系统、机组保护回路、火焰检测装置等的供电电源应有两路电源供电。其中一路应采用交流不间断电源,一路应采用厂用电。两路电源宜设自动电源切投装置,切投时间应确保不影响控制系统的运行。

16.10.2 每组仪表和控制交流动力电源配电箱、交流电源盘应各有两路电源供电,两路电源分别引自厂用低压母线的不同段。

16.10.3 控制盘应有两路电源供电,两路电源分别引自厂用低压母线的不同段。控制盘需要直流电源时,应有两路电源供电,两路电源均引自电气蓄电池组。

16.11 电缆、仪表导管和就地设备布置

16.11.1 仪表和控制回路用的电缆、电线的线芯材质应为铜芯。电缆的敷设应有防火、防高温、防腐、防水、防震等措施。

16.11.2 敷设在高温区域的电线和补偿导线应选用耐高温型。

16.11.3 仪表和控制回路用的电缆、电线、补偿导线的线芯截面应按回路的最大允许电压降、仪表允许最大的外部电阻、线路的截面流量及机械强度等要求选择。

16.11.4 起、终点相同的电缆应合并电缆。有抗干扰要求的仪表

和计算机线路，应采用相应类型的屏蔽电缆。控制系统接地宜接入全厂电气接地网，并满足控制系统对接地的要求。计算机信号电缆屏蔽层必须接地。

16.11.5 电缆主通道路径的选择及电缆敷设的方式宜符合下列规定：

    1 电缆主通道宜采用电缆桥架敷设，分支电缆通道可采用电缆槽盒。

    2 路径最短。

    3 避开吊装孔、防爆门及易受机械损伤和有腐蚀性物质的场所。

    4 与各种管道平行或交叉敷设时，其最小间距应符合现行国家有关规范的要求。

16.11.6 测点的定位应满足测量的要求。变送器的布置宜靠近测点，并适当集中，便于维护、检修。

16.11.7 露天布置的热控设备及导管、阀门等部件应有防尘、防雨、防冻、防高温、防震、防腐、防止机械损伤等措施。

16.12 仪表与控制试验室

16.12.1 发电厂应设有仪表与控制试验室，其试验设备应能满足仪表控制设备维修、校验、调试的需要，并应符合国家计量标准的有关规定。

16.12.2 当企业内已设有仪表与控制试验室时，其自备发电厂不应再设置仪表与控制试验室。

16.12.3 试验室的规模应根据发电厂单机容量和规划容量，按不承担检修任务等来确定。

16.12.4 试验室宜布置在主厂房附近，可设置在生产综合办公楼内，也可以单独设置。现场维修间应设置在主厂房合适的位置，用于执行机构和阀门等不易搬动的现场仪表与控制设备的维护。

16.12.5 试验室应按发电厂规划容量一次建成,但试验室设备可分期购置。

16.12.6 试验室应远离振动大、灰尘多、噪声大、潮湿或有强磁场干扰的场所,试验室的地面应避免受振动的影响。

17 电气设备及系统

17.1 发电机与主变压器

17.1.1 发电机及其励磁系统的选型和技术要求应分别符合现行国家标准《隐极同步发电机技术要求》GB/T 7064、《旋转电机 定额和性能》GB 755、《同步电机励磁系统 定义》GB/T 7409.1、《同步电机励磁系统 电力系统研究用模型》GB/T 7409.2、《同步电机励磁系统 大、中型同步发电机励磁系统技术要求》GB/T 7409.3 和《中小型同步电机励磁系统基本技术要求》GB 10585 的有关规定。

17.1.2 当发电机与主变压器为单元连接时,该变压器的容量宜按发电机的最大连续容量扣除高压厂用工作变压器计算负荷与高压厂用备用变压器可能替代的高压厂用工作变压器计算负荷的差值进行选择。变压器在正常使用条件下连续输送额定容量时绕组平均温升不应超过 65℃。

17.1.3 发电机电压母线上的主变压器的容量、台数应根据发电厂的单机容量、台数、电气主接线及地区电力负荷的供电情况,经技术经济比较后确定。

17.1.4 容量为 50MW 级及以下机组的发电厂,接于发电机电压母线主变压器的总容量应在考虑逐年负荷发展的基础上满足下列要求:

    1 发电机电压母线的负荷为最小时,应将剩余功率送入电力系统。

    2 发电机电压母线的最大一台发电机停运或因供热机组热负荷变动而需限制本厂出力时,应能从地区电力系统受电,以满足发电机电压母线最大负荷的需要。

17.1.5 主变压器宜采用双绕组变压器,并应符合下列规定:

1 当需要两种升高电压向用户供电或与地区电力系统连接时,也可采用三绕组变压器,但每个绕组的通过功率应达到该变压器额定容量的15%以上。

2 连接两种升高电压的三绕组变压器不宜超过2台。

17.1.6 主变压器宜选用无励磁调压型的变压器;经调压计算论证确有必要且技术经济比较合理时,可选用有载调压变压器。主变压器的额定电压、阻抗及电压分接头的选择应满足地区电力系统近、远期及调相调压要求。

17.1.7 若两种升高电压均系直接接地系统且技术经济合理时,可选用自耦变压器,但主要潮流方向应为低压和中压向高压送电。

17.2 电气主接线

17.2.1 发电机的额定电压应符合下列规定:

1 当有发电机电压直配线时,应根据地区电力网的需要采用6.3kV或10.5kV。

2 50MW级及以下发电机与变压器为单元连接且有厂用分支引出时,宜采用6.3kV。

17.2.2 若接入电力系统发电厂的机组容量与电力系统不匹配且技术经济合理时,可将两台发电机与一台变压器(双绕组变压器或分裂绕组变压器)做扩大单元连接,也可将两组发电机双绕组变压器组共用一台高压侧断路器做联合单元连接。此时在发电机与主变压器之间应装设发电机断路器或负荷开关。

17.2.3 发电机电压母线的接线方式应根据发电厂的容量或负荷的性质确定,并宜符合下列规定:

1 每段上的发电机容量为12MW及以下时,宜采用单母线或单母线分段接线。

2 每段上的发电机容量为12MW以上时,可采用双母线或双母线分段接线。

17.2.4 当发电机电压母线的短路电流超过所选择的开断设备允许值时,可在母线分段回路中安装电抗器。当仍不能满足要求时,可在发电机回路、主变压器回路、直配线上安装电抗器。

17.2.5 母线分段电抗器的额定电流应按母线上因事故而切除最大一台发电机时可能通过电抗器的电流进行选择。当无确切的负荷资料时,也可按该发电机额定电流的 50%~80%选择。

17.2.6 220kV 及以下母线避雷器和电压互感器宜合用一组隔离开关。110kV~220kV 线路上的电压互感器与耦合电容器不应装设隔离开关。220kV 及以下线路避雷器以及接于发电机与变压器引出线的避雷器不宜装设隔离开关,变压器中性点避雷器不应装设隔离开关。

17.2.7 发电机与双绕组变压器为单元接线时,对供热式机组可在发电机与变压器之间装设断路器。发电机与三绕组变压器为单元接线时,在发电机与变压器之间宜装设断路器和隔离开关。厂用分支应接在变压器与该断路器之间。

17.2.8 35kV~220kV 配电装置的接线方式应按发电厂在电力系统中的地位、负荷的重要性、出线回路数、设备特点、配电装置形式以及发电厂的单机和规划容量等条件确定。应符合下列规定:

　　1 当配电装置在地区电力系统中居重要地位,负荷大,潮流变化大,且出线回路数较多时,宜采用双母线接线。

　　2 采用单母线或双母线接线的 66kV~220kV 配电装置,当断路器为六氟化硫型时,不宜设旁路设施;当配电装置采用气体绝缘金属全封闭开关设备时,不应设置旁路设施。

　　3 当 35kV~66kV 配电装置采用单母线分段接线且断路器无停电检修条件时,可设置不带专用旁路断路器的旁路母线;当采用双母线接线时,不宜设置旁路母线,有条件时可设置旁路隔离开关。

　　4 发电机变压器组的高压侧断路器不宜接入旁路母线。

　　5 在初期工程可采用断路器数量较少的过渡接线方式,但配电装置的布置应便于过渡到最终接线。

17.2.9 发电机的中性点的接地方式可采用不接地方式、经消弧线圈或高电阻的接地方式。

17.2.10 主变压器的中性点接地方式应根据接入电力系统的额定电压和要求决定接地,或不接地,或经消弧线圈接地。当采用接地或经消弧线圈接地时,应装设隔离开关。

17.3 交流厂用电系统

17.3.1 发电厂的高压厂用电的电压宜采用 6kV 中性点不接地方式。低压厂用电的电压宜采用 380V 动力和照明网络共用的中性点直接接地方式。

17.3.2 高压厂用变压器不应采用有载调压变压器,其阻抗电压不宜大于 10.5%。当发电机出口装设断路器,此时支接于主变低压侧的高厂变兼作启动电源时,可采用有载调压变压器。

17.3.3 当高压厂用备用变压器的阻抗电压在 10.5% 以上时,或引接地点的电压波动超过 ±5% 时,应采用有载调压变压器。备用变压器引接地点的电压波动应计及全厂停电时负荷潮流变化引起的电压变化。

17.3.4 高压厂用工作电源可采用下列引接方式:

　　1 当有发电机电压母线时,由各段母线引接,供给接在该段母线上的机组的厂用负荷。

　　2 当发电机与变压器为单元连接时,应从主变压器低压侧引接,供给该机组的厂用负荷。

17.3.5 高压厂用变压器容量应按高压电动机计算负荷与低压厂用电的计算负荷之和选择。低压厂用工作变压器的容量宜留有 10% 的裕度。

17.3.6 高压厂用备用电源或启动/备用电源,可采用下列引接方式:

　　1 当有发电机电压母线时,应从该母线引接一个备用电源。

2 当无发电机电压母线时,应从高压配电装置母线中电源可靠的最低一级电压母线引接,并应保证在全厂停电的情况下,能从外部电力系统取得足够的电源。

3 当发电机出口装设断路器且机组台数为2台及以上时,还可由1台机组的高压厂用工作变压器低压侧厂用工作母线引接另一台机组的高压备用电源,即机组之间对应的高压厂用母线设置联络,互为备用或互为事故停机电源。

4 当技术经济合理时,可从外部电网引接专用线路供电。

5 全厂有两个及以上高压厂用备用或启动/备用电源时,宜引自两个相对独立的电源。

17.3.7 高压厂用备用变压器(电抗器)或启动/备用变压器的容量不应小于最大一台(组)高压厂用工作变压器(电抗器)的容量。低压厂用备用变压器的容量应与最大的一台低压工作变压器的容量相同。

17.3.8 当发电机与主变压器为单元接线时,其厂用分支线上宜装设断路器。当无需开断短路电流的断路器时,可采用能够满足动稳定要求的断路器,但应采取相应的措施,使该断路器仅在其允许的开断短路电流范围内切除短路故障;也可采用能满足动稳定要求的隔离开关或连接片等。

17.3.9 厂用备用电源的设置应符合下列规定:

1 接有Ⅰ类负荷的高压和低压厂用母线应设置备用电源,并应装设备用电源自动投入装置。

2 接有Ⅱ类负荷的低压厂用母线应设置手动切换的备用电源。

3 只有Ⅲ类负荷的低压厂用母线可不设备用电源。

17.3.10 容量为100MW级及以下的机组,高压厂用工作变压器(电抗器)的数量在6台(组)及以上时,可设置第二台(组)高压厂用备用变压器(电抗器)。低压厂用工作变压器的数量在8台及以上时,可增设第二台低压厂用备用变压器。

17.3.11 高压厂用电系统应采用单母线接线。锅炉容量为410t/h级以下时,每台锅炉可由一段母线供电;锅炉容量为410t/h级时,每台锅炉每一级高压厂用电压不应少于两段母线。低压厂用母线也应采用单母线接线。锅炉容量为220t/h级,且在母线上接有机炉的Ⅰ类负荷时,宜按炉或机对应分段;锅炉容量为410t/h级时,每台锅炉可由两段母线供电。

17.3.12 发电厂应设置固定的交流低压检修供电网络,并应在各检修现场装设电源箱。

17.3.13 厂用变压器接线组别的选择,应使厂用工作电源与备用电源之间相位一致,以便厂用电源的切换可采用并联切换的方式。全厂低压厂用变压器宜采用"D,yn"接线。

17.4 高压配电装置

17.4.1 发电厂高压配电装置的设计应符合现行国家标准《高压架空线路和发电厂、变电所环境污区分级及外绝缘选择标准》GB/T 16434、《电力设施抗震设计规范》GB 50260、《3~110kV高压配电装置设计规范》GB 50060 和《火力发电厂与变电站设计防火规范》GB 50229 的有关规定。

17.4.2 配电装置的选型应满足以下要求:
 1 35kV 及以下的配电装置宜采用屋内式。
 2 110kV~220kV 配电装置应符合下列规定:
  1)配电装置的形式选择应根据设备选型和进出线方式,以及工程实际情况,结合发电厂总平面布置,优先采用占地少的配电装置形式。
  2)Ⅳ级污秽地区宜采用屋内配电装置,当技术经济合理时,可采用气体绝缘金属封闭开关设备(GIS)配电装置。

17.5 直流电源系统及交流不间断电源

17.5.1 发电厂内应装设蓄电池组,向机组的控制、信号、继电保护、自动装置等负荷(以下简称控制负荷)和直流油泵、交流不停电电源装置、断路器合闸机构及直流事故照明负荷等(以下简称动力负荷)供电。蓄电池组应以全浮充电方式运行。

17.5.2 蓄电池组数应符合下列规定：

1 当单机容量在50MW级及以上时，每台机组可装设1组蓄电池，当机组总容量为100MW及以上时，宜装设2组蓄电池，总容量小于100MW时可装设1组蓄电池。

2 酸性电池组不宜设置端电池，碱性电池组宜设端电池。

17.5.3 直流系统采用对控制负荷与动力负荷合并供电的方式，直流系统标称电压为220V。

17.5.4 直流母线电压应符合下列规定：

1 正常运行时，直流母线电压应为直流系统标称电压的105%。

2 均衡充电时，直流母线电压应不高于直流系统标称电压的110%。

3 事故放电时，直流母线电压宜不低于直流系统标称电压的87.5%。

17.5.5 发电厂蓄电池组负荷统计应符合下列规定：

1 当装设2组蓄电池时，对控制负荷每组应按全部负荷统计。

2 对事故照明负荷每组应按全部负荷的60%统计。

3 对动力负荷，宜平均分配在两组蓄电池上，每组可按所连接的负荷统计。

17.5.6 选择蓄电池组容量时，与电力系统连接的发电厂，厂用交流电源事故停电时间应按1h计算；不与电力系统连接的孤立发电厂，厂用交流电源事故停电时间应按2h计算；供交流不间断电源用的直流负荷计算时间可按0.5h计算。

17.5.7 蓄电池的充电及浮充电设备的配置应符合下列规定：

1 当采用高频开关充电装置时，每组蓄电池宜装设一套充电设备。当采用晶闸管充电装置时,两组相同电压的蓄电池可再设置一套充电设备作为公用备用。全厂只有一组蓄电池时,可装设两套充电设备。

2 充电设备的容量及输出电压的调节范围应满足蓄电池组浮充电和充电的要求。

17.5.8 发电厂的直流系统宜采用单母线或单母线分段的接线方式。当采用单母线分段时,每组蓄电池和相应的充电设备应接在同一母线上,公用备用的充电设备应能切换到相应的两段母线上,蓄电池和充电设备均应经隔离和保护电器接入直流系统。

17.5.9 当采用计算机监控时,应设置交流不间断电源。交流不间断电源应采用在线式 UPS。

17.5.10 交流不间断电源装置旁路开关的切换时间不应大于 5ms;交流厂用电消失时,交流不间断电源满负荷供电时间不应小于 0.5h。

17.5.11 交流不间断电源装置应由一路交流主电源、一路交流旁路电源和一路直流电源供电。交流主电源和交流旁路电源应由不同厂用母线段引接,直流电源可由主控制室或机组的直流电源引接,也可采用自带的蓄电池供电。

17.5.12 交流不间断电源主母线应采用单母线或单母线分段接线方式。当有冗余供电或互为备用的不间断负载时,交流不间断电源主母线应采用单母线分段,负载应分别接到不同的母线段上。

17.6 电气监测与控制

17.6.1 发电厂和电力网络的电气设备和元件宜采用计算机控制,宜符合下列规定:

1 当热工控制采用机炉电集中控制时,发电厂的电气系统及网络控制部分应设在机炉电集中控制室内,发电厂电气设备和元件宜采用分散控制系统控制或 PLC 控制,其监测和控制方式宜与热工仪表和控制协调一致。

2 当热工控制采用机炉集中控制或汽机集中控制方式时,发电厂的电气系统及电力网络控制应设在电气主控制室内,主控制室电气设备和元件宜采用电气监控管理系统控制,此时应在主控室设置专用操作员站,并留有与热工控制系统的通信接口。

17.6.2 电气监控管理系统、分散控制系统及电力网络计算机监控系统等计算机控制系统应采用开放式、分布式结构。当具有控制功能时,站控层设备及网络宜采用冗余配置。

17.6.3 当采用机炉电集中控制时,下列设备或元件应在分散控制系统或PLC进行控制和监视:

1 发电机、主变压器或发电机变压器组。

2 发电机励磁系统。

3 厂用高压电源,包括高压工作变压器和高压启动/备用变压器。

4 高压厂用电源线。

5 低压厂用变压器及低压母线分段断路器。

6 消防水泵。

17.6.4 当采用主控制室控制时,下列设备或元件应在电气监控管理系统进行控制和监视:

1 发电机、主变压器或发电机变压器组。

2 发电机励磁系统。

3 厂用高压电源,包括高压工作变压器和高压启动/备用变压器。

4 高压厂用电源线。

5 低压厂用变压器及低压母线分段断路器。

6 消防水泵。

7 联络变压器(如果有)。

8 6kV及以上线路。

9 母线联络断路器、母线分段断路器及电抗器。

10 并联电容器、串联补偿装置等。

17.6.5 电力网络计算机监控系统宜与分散控制系统合并为一个系统，其监控范围应包括下列设备和线路：
1 联络变压器（如果有）。
2 6kV 及以上线路。
3 母线联络断路器、母线分段断路器及电抗器。
4 并联电容器、串联补偿装置等。

17.6.6 下列设备或元件宜在分散控制系统、PLC 或电气监控管理系统进行监视：
1 直流系统。
2 交流不间断电源。

17.6.7 为保证机组紧急停机，应在控制室设置下列独立的后备操作设备：
1 发电机或发电机变压器组紧急跳闸。
2 灭磁开关跳闸。
3 直流润滑油泵的启动按钮。

17.6.8 继电保护、自动准同步、自动电压调节、故障录波和厂用电快速切换等功能应由专用装置实现。继电保护和安全自动装置发出的跳、合闸指令，应直接接入断路器的跳合闸回路；与继电保护、安全自动装置、厂用电切换相关的断路器的跳合闸回路应监视相应回路的完好性。

17.6.9 继电保护装置、测控装置和电度表等二次设备宜装设在电气继电器室内。

17.6.10 发电厂的集中控制室或主控制室应装设自动准同步装置，也可再装设带有同步闭锁的手动准同步装置。发电厂的网络控制部分应装设捕捉同步装置或带闭锁的手动准同步装置。

17.6.11 隔离开关、接地开关和母线接地器与相应的断路器之间应装设闭锁装置以防止误操作，闭锁装置可由机械的、电磁的或电气回路的闭锁构成。在电力网络计算机监控系统中应设置五防闭锁功能。

17.7 电气测量仪表

17.7.1 发电厂的电气测量仪表设计,应符合现行国家标准《电力装置的电测量仪表装置设计规范》GB/T 50063 的有关规定。

17.7.2 当采用计算机进行监控时,电气设备和元件的测量宜采用交流采样方式,就地可采用一次仪表测量或直接仪表测量方式。

17.8 元件继电保护和安全自动装置

17.8.1 发电厂的继电保护和安全自动装置的设计应符合现行国家标准《继电保护和安全自动装置技术规程》GB/T 14285 的有关规定。

17.9 照 明 系 统

17.9.1 发电厂照明系统设计应遵循安全、环保、维护检修方便、经济、美观的原则,并积极地采用先进技术和节能设备。发电厂的照明应提倡绿色照明和节能环保,符合国家的节能政策。

17.9.2 发电厂照明系统的设计应符合现行国家标准《建筑照明设计标准》GB 50034 的有关规定。

17.9.3 发电厂的照明应有正常照明和应急直流照明两种供电网络,正常照明网络电压应为 380V/220V,应急直流照明网络电压应为 220V,并符合下列规定:

    1 正常照明的电源应由动力和照明网络共用的中性点直接接地的低压厂用变压器供电。

    2 应急直流照明应由蓄电池直流系统供电。应急照明与正常照明可同时点燃,正常时由低压 380V/220V 厂用电供电,事故时自动切换到蓄电池直流母线供电;主控制室与集中控制室的应急直流照明除长明灯外,也可为正常时由 380V/220V 厂用电供电,事故时自动切换到蓄电池直流母线供电。

3 主厂房的出入口、通道、楼梯间以及远离主厂房的重要工作场所要求的应急照明应采用自带蓄电池的应急灯。

17.9.4 生产车间的照明灯具,当其安装高度应在 2.2m 及以下,且处于特别潮湿的场所或高温场所时,应采用 24V 及以下电压。电缆隧道内的照明灯具宜采用 24V 电压供电。如采用 220V 电压供电时,应有防止触电的安全措施,并应敷设灯具外壳专用接地线。

17.9.5 照明灯具应按工作场所的环境条件和使用要求进行选择,应采用光效高、寿命长的光源。应急直流照明应采用能瞬时可靠点燃的白炽灯。室内、外照明灯具的安装应便于维修。对于室内、外配电装置的照明灯具还应考虑在设备带电的情况下能安全地进行维修。

17.9.6 对烟囱、冷却塔和其他高耸建筑物或构筑物上装设障碍照明的要求,除应符合现行国家标准《烟囱设计规范》GB 50051 的有关规定外,还应和当地航空管理部门协商确定。高建筑物标志灯供电电源可由就近可靠的 380V/220V 配电柜供电,标志等回路不允许"T"接其他用电负荷。对取、排水口及码头障碍照明的要求应和航运管理部门协商确定。

17.10 电缆选择与敷设

17.10.1 发电厂电缆选择与敷设的设计应符合现行国家标准《电力工程电缆设计规范》GB 50217 的有关规定。

17.11 过电压保护与接地

17.11.1 发电厂电气装置的过电压保护设计应符合国家现行标准《高压输变电设备的绝缘配合》GB 311.1、《绝缘配合 第 2 部分:高压输变电设备的绝缘配合使用导则》GB/T 311.2 以及《交流电气装置的过电压保护和绝缘配合》DL/T 620 的有关规定。

17.11.2 主要生产建(构)筑物和辅助厂房建(构)筑物的过电压

保护应符合现行行业标准《交流电气装置的过电压保护和绝缘配合》DL/T 620 的有关规定。生产办公楼、食堂、宿舍楼等附属建(构)筑物,液氨贮罐的防雷设计应符合现行国家标准《建筑物防雷设计规范》GB 50057 的有关规定。

17.11.3 发电厂交流接地系统的设计应符合现行国家标准《交流电气装置接地设计规范》GB 50065 的有关规定。

17.12 电气试验室

17.12.1 发电厂应设有电气试验室,其试验设备应能满足电气设备维修、校验、调试的需要。电气试验室的规模应根据发电厂的类型、单机容量和规划容量来确定。

17.12.2 当企业内已设有电气试验室时,其自备发电厂不应再设电气试验室。

17.13 爆炸火灾危险环境的电气装置

17.13.1 发电厂爆炸火灾危险环境的电气装置设计应符合现行国家标准《爆炸和火灾危险环境电气装置设计规范》GB 50058 和《火力发电厂与变电站设计防火规范》GB 50229 的有关规定。

17.14 厂内通信

17.14.1 厂内通信可分为生产管理通信和生产调度通信。对于小机组工程,可将二者合并考虑,厂内配置一套调度程控交换机兼做行政交换机。容量应以 100 线为基础,两台以上机组每增加一台机组,增加 30 线。各控制室设置调度台。调度交换机至调度主管部门应有中继线连接。

17.14.2 发电厂对外联系的中继方式可视工程具体情况采用模拟中继或数字中继方式,中继线数量不少于用户数的 10%。

17.14.3 通信设备所需的交流电源应由能自动切换的、可靠的、来自不同厂用电母线段的双回路交流电源供电。通信设备所需直流电源应设至少1组通信专用蓄电池组,并配置至少1套整流器。厂内通信电源与系统通信电源可合并考虑。电源容量按远景规模最大负荷考虑,蓄电池的放电时间按4h考虑。

17.14.4 厂内可设通信专用机房,机房面积按远景规模最大容量考虑,应安装厂内通信设备、系统通信设备,各业务接口设备等,也可与电气控制设备布置在一起。通信蓄电池宜单独安装。

17.14.5 通信设备应设置工作接地和保护接地,通信机房内应设有环形接地母线,并应就近接至全厂总接地网上,引接线不应少于2条。

17.14.6 厂内通信网络包括各类通信设备的线路,应采用管道电缆或直埋电缆敷设方式。电缆可采用暗配线敷设方式。

17.14.7 厂区外的水源、灰场和燃料系统可采用当地公用电话。

17.15 系统保护

17.15.1 系统继电保护和安全自动装置的设计应根据审定的接入系统设计原则设计,并应符合现行国家标准《继电保护和安全自动装置技术规程》GB/T 14285 的有关规定。

17.16 系统通信

17.16.1 系统通信应按当地电网的通信设计、审定的接入系统设计确定。发电厂应装设为电力调度服务的专用调度通信设施,通信方式及容量配置等应根据审定的电力系统通信设计或相应的接入系统通信设计确定。

17.16.2 发电厂至调度端的通道数量、质量及带宽应满足调度通道、自动化通道、保护通道、电能量计费的要求。

17.16.3 发电厂至其调度中心应至少有一个可靠的调度通道,应提出推荐的传输方案、制式、建设规模及容量,明确各业务接入方式。

17.16.4 发电厂的系统通信可采用一套通信电源供电,并配置一组蓄电池,也可与厂内通信设备共用通信电源。

17.16.5 系统通信可与厂内通信设备共用通信机房。

17.17 系统远动

17.17.1 发电厂的远动设计应根据电力调度自动化系统设计,或相应的发电厂接入系统设计确定。电厂远动功能宜纳入计算机监控系统,不单独设置微机远动装置(RTU)。

17.17.2 发电厂的远动信息应符合现行行业标准《电力系统调度自动化设计技术规程》DL/T 5003 或者《地区电网调度自动化设计技术规程》DL/T 5002 的有关规定。

17.17.3 发电厂与调度中心之间应至少有一条可靠的远动通道。

17.17.4 发电厂的电力二次安全防护应遵照国家有关电力二次安全防护规定的要求执行。

17.18 电能量计量

17.18.1 发电厂的电能量计量设计应符合现行行业标准《电能量计量系统设计技术规程》DL/T 5202 的有关规定。

18 水工设施及系统

18.1 水源和水务管理

18.1.1 发电厂的水源选择,必须认真落实,做到充分可靠。除应考虑发电厂取、排水对水域的影响外,还要考虑当地工农业和其他用户及水利规划对电厂取水水质、水量和水温的影响。

18.1.2 北方缺水地区新建、扩建电厂生产用水禁止取用地下水,严格控制使用地表水,鼓励利用城市污水处理厂的再生水和其他废水,坑口电厂首先考虑使用矿区排水。当有不同的水源可供选择时,应在节水产业政策的指导下,根据水量、水质和水价等因素,经技术经济比较确定。

18.1.3 当采用再生水作为电厂补给水源时,应设备用水源。

18.1.4 当采用矿区排水作为电厂补给水源时,应根据矿区开采规划和排水方式,分析可供电厂使用的矿区稳定的最小排水量。

18.1.5 在下述情况下,发电厂的供水水源应保证供给全部机组满负荷运行所需的水量,并应取得水行政主管部门同意用水的正式文件:

1 从天然河道取水时,按保证率为95%的最小流量考虑,同时扣除取水口上游必保的工农业规划用水量和河道水域生态用水量。

2 当河道受水库调节时,按水库保证率为95%的最小下泄流量加上区间来水量考虑,同时扣除取水口上游必保的工农业规划用水量和河道水域生态用水量。

3 从水库取水时,应按保证率为95%的枯水年考虑。

18.1.6 在发电厂设计中,必须贯彻落实国家水资源方针政策,应通过水务管理和工程措施来实现合理用水,节约水资源,防止水污染和保护生态环境。

18.1.7 水务管理应符合现行国家标准《地表水环境质量标准》GB 3838、《生活饮用水卫生标准》GB 5749、《取水定额》GB/T 18916、《污水综合排放标准》GB 8978等及有关法律、法规的规定。

18.1.8 发电厂的设计耗水指标应符合表18.1.8的规定：

表18.1.8 小型火力发电厂设计耗水指标表[$m^3/(s \cdot GW)$]

序号	冷却方式	<50MW级	≥50MW级	备注
1	淡水循环供水系统	≤1.20	≤1.00	炉内脱硫、干式除灰、干式除渣
2	直流供水系统	≤0.40	≤0.20	炉内脱硫、干式除灰、干式除渣
3	空冷机组	≤0.40	≤0.20	炉内脱硫、干式除灰、干式除渣

18.1.9 发电厂应装设必要的水质与水量计量与监测装置。

18.2 供水系统

18.2.1 发电厂的供水系统应根据水源条件、规划容量和机组形式，经技术经济比较确定。在水源条件允许的情况下，宜采用直流供水系统；当水源条件受限制时，宜采用循环供水、混合供水或空冷系统。

18.2.2 发电厂的供水系统应符合下列规定：

1 直流供水系统应根据历年月平均的水位、水温和温排水影响，结合汽轮机特性和系统布置方案确定最佳的汽轮机背压、冷却水量、凝汽器面积、水泵和进排水管（沟）的经济配置。

2 循环或混合供水系统应根据历年月平均气象条件，结合汽轮机特性和系统布置方案确定最佳的汽轮机背压、冷却水量、凝汽器面积、冷却塔的选型、水泵和进排水管（沟）的经济配置。

3 空冷系统应根据典型年与汽轮机特性等因素进行优化计算，以确定最佳的空冷形式、设计气温、汽轮机设计背压和空冷散热器面积。

4 在最高计算水温条件下选定的冷却水量，应保证汽轮机的背压不超过满负荷运行时的最高允许值。

18.2.3 当采用直流供水系统时,冷却水的最高计算温度应按多年水温最高时期(可采用 3 个月)频率为 10% 的日平均水温确定,并应考虑温排水对取水水温的影响。

18.2.4 循环供水系统冷却水的最高计算温度应采用近期连续不少于 5 年,每年最热时期(可采用 3 个月)的日平均值,以湿球温度频率统计方法求得的频率为 10% 的日平均气象条件确定。混合供水系统冷却水的最高计算温度宜按与河流枯水时段相应的最高月平均气温时的气象条件确定。

18.2.5 空冷系统的设计温度宜根据典型年干球温度统计,可按 5℃ 以上年加权平均法(5℃ 以下按 5℃ 计算)计算设计气温并向上取整。

18.2.6 发电厂宜采用母管制供水系统。每台汽轮机宜设置 2 台循环水泵,其总出力应等于该机组的最大计算用水量。在 2 台汽轮机的凝汽器进水管之间宜设联络管。

18.2.7 热电厂的冷却水量应按最小热负荷时的凝汽量计算。

18.2.8 附属设备冷却水宜取自循环水的进水,当水温过高、汛期泥沙和漂浮物过多或以海水冷却时,应采取相应措施或使用其他水源。

18.2.9 发电厂的用水水质应根据生产工艺和设备的要求确定,宜符合下列要求:

1 用于凝汽器等表面热交换设备的冷却用水,应采取去除水中杂物及水草的措施。当水中含砂量较多时,宜对冷却用水进行沉砂处理。

2 循环供水系统,冷却塔的补充水悬浮物含量超过 50mg/L~100mg/L 时宜做预处理,经处理后的悬浮物含量不宜超过 20mg/L,pH 值不应小于 6.5,且不应大于 9.5。

3 工业用水转动机械轴承冷却水的碳酸盐硬度宜小于 250mg/L(以 $CaCO_3$ 计);pH 值不应小于 6.5,不宜大于 9.5;悬浮物的含量应小于 100mg/L。

18.2.10 当采用直流、混合供水系统时,取、排水口的位置和形式应根据水源特点、温排水扩散对取水温度的影响、泥沙冲淤和工程施工等因素,通过技术经济比较确定。必要时应进行数模计算或模型试验确定。

18.2.11 凝汽器的进出口阀门和联络门,直径为400mm及以上的水泵出口阀门,直径为600mm及以上的其他阀门,以及需要自动控制的阀门应装有电动或气动装置。远离电源的地区,直径为800mm及以下的其他阀门也可采用手动。

18.3 取水构筑物和水泵房

18.3.1 地表水的取水构筑物和水泵房应按保证率为95%的低水位设计,并以保证率为97%的低水位校核。

18.3.2 地表水的取水构筑物的进水间应分隔成若干单间,并根据水源水质条件及取水量的大小装设清污及滤水设备,进水间应考虑起吊、启闭设施以及冲洗和排除脏物的措施。当水中带有冰凌、大量泥沙或较多漂浮物影响取水时,在设计中应采取相应的措施。

18.3.3 岸边水泵房±0.00m层标高(入口地坪设计标高)应为频率2%的洪水位(或潮位)加频率2%浪高再加超高0.5m,并应符合下列规定:

1 ±0.00m层标高不应低于频率为1%的洪水位,否则水泵房应有防洪措施。

2 当频率2%与频率1%洪水位相差很大时,应经分析论证后确定。

18.3.4 在水位涨落幅度较大,且涨落和缓的江河取水时,宜采用浮船式或缆车式取水设施。

18.3.5 采用冷却塔循环供水系统,在条件许可时,循环水泵可设在汽机房内或汽机房毗屋内。

18.3.6 当条件合适时,循环水泵可选择露天布置。

18.3.7 当采用集中泵房母管制供水系统时,安装在水泵房内的循环水泵达到规划容量时不应少于4台,水泵的总出力应满足最大的计算用水量,不设备用。根据工程建设进度,水泵可分期安装,但第一期工程安装的水泵不应少于2台。

18.3.8 集中取水的补给水泵台数不宜少于3台,其中1台备用。

18.3.9 当采用海水作循环冷却水源时,宜选用转速低、抗汽蚀性的循环水泵。此外,清污设备、冲洗泵、排水泵、阀门和闸门门槽等与海水直接接触的部件,也应选用耐海水腐蚀的材料制作,并可采用涂料、阴极保护等防腐措施,还应考虑防止海生物在进、排水构筑物和设备上滋生附着的措施。

18.3.10 水泵房及进水间应设置起重设备,水泵房内还应设置设备检修场地和水泵中间轴承检修平台等设施。当设备露天布置时,也可不设固定式起重设备。阀门切换间应设阀门操作平台、排水措施及照明设施。

18.4 输配水管道及沟渠

18.4.1 采用母管制供水时,循环水进水、排水管(沟)达到规划容量时(大于2台机组)不宜少于2条,并可根据工程具体情况分期建设。当其中一条停运时,其余母管应能通过最大计算用水量的75%。

18.4.2 供水系统的补给水管的条数宜按规划容量设置2条,并可根据工程具体情况分期建设。当有一定容量的蓄水池或采用其他供水措施作备用时,可设置1条。当采用2条补给水管,而每条补给水管能供给补给水量的60%,则补给水管之间可不设联络管。在补给水系统总管及电厂内主要用户的接管上均应设置水量计量装置。

18.4.3 压力管道的材料应根据管道工作压力、水质,管道沿线的地质、地形条件、施工条件和材料供应等情况,通过技术经济比较确定。可选用的管材有:钢管、球墨铸铁管、预应力钢筋混凝土管、预应力钢筒混凝土管、玻璃钢管、钢塑复合管等。自流管、沟宜采用钢筋混凝土结构。

18.4.4 供水渠道应按规划容量一次建成。在渠道的设计中,应考虑原有地面排水系统的改变和地下水位上升对邻近地区农田和建筑物的影响。

18.5 冷却设施

18.5.1 冷却设施的选择应根据使用要求、自然条件、场地布置和施工条件、运行经济性以及与周围环境的相互影响等因素,经技术经济比较后确定。

18.5.2 发电厂可利用水库、湖泊、河道或海湾等水体的自然水面冷却循环水,也可根据自然条件新建冷却池。在设计中应考虑水量、水质和水温的变化对工业、农业、渔业、水利、航运和环境等产生的影响,并应取得相应主管部门同意的文件。

18.5.3 冷却塔的塔型选择应根据循环水的水量、水温、水质和循环水系统的运行方式等使用要求,并结合下列因素及具体工程条件,通过技术经济比较确定:

1 当地的气象、地形和地质等自然条件。
2 材料和设备的供应情况。
3 场地布置和施工条件。
4 冷却塔与周围环境的相互影响。

18.5.4 冷却塔的布置应考虑空气动力干扰、通风、检修和管沟布置等因素。在山区和丘陵地带布置冷却塔时,应考虑避免湿热空气回流的影响。冷却塔间净距及其与附近建(构)筑物的距离应按本规范表 6.2.5 的规定执行。

18.5.5 冷却塔内使用的塑料材质的淋水填料、喷溅装置、配水管和除水器的选用及安装设计应符合现行行业标准《冷却塔塑料部件技术条件》DL/T 742 的有关规定。

18.5.6 机械通风冷却塔和自然通风冷却塔均应装设除水器,宜装设塑料材质的除水器。

18.5.7 建在寒冷和严寒地区的冷却塔(包括空冷塔)宜采用防冻

措施。

18.5.8 自然通风冷却塔进风口处的支柱及塔内空气通流部位的构件应采用气流阻力较小的断面形式。

18.5.9 当采用空冷机组时,应根据当地气象条件、冷却设施占地、防噪声要求、防冻性能等因素通过技术经济比较后确定空冷系统形式。

18.5.10 直接空冷系统的空冷凝汽器宜采用机械通风冷却方式,间接空冷系统的空冷塔宜采用钢筋混凝土结构的自然通风冷却塔。受场地限制,空冷塔布置有困难时,经论证后也可采用机械通风间接空冷系统。

18.5.11 直接空冷系统的布置应符合下列规定:

1 直接空冷凝汽器宜布置在汽机房 A 列外空冷平台上,且宜沿汽轮机纵向布置。空冷凝汽器布置方位宜面向夏季主导风向,并考虑高温大风气象条件出现频率的影响,避免来自锅炉房后的较高的风频和风速。连续建设机组的台数应根据风环境条件进行论证布置形式。

2 当风环境比较复杂或电厂周边地形地貌特殊时,应利用数模计算或物模试验对空冷凝汽器的布置方案进行验证。

3 空冷凝汽器下方的轴流风机、电机和减速机应设置检修起吊装置和维护平台。

18.5.12 间接空冷系统的布置宜符合下列规定:

1 空冷塔宜采用风筒式自然通风冷却塔,冷却塔与其他高于塔进风口高度的建筑物之间的距离应大于 2 倍进风口高度,冷却塔之间的净距应大于冷却塔零米半径。

2 喷射式凝汽器间接空冷系统的循环水泵宜布置在汽机房内或汽机房毗屋内,表凝式凝汽器间接空冷系统宜设置独立的循环水泵房,循环水泵房可布置在冷却塔区或汽机房前。

18.5.13 空冷塔的结构与尺寸应结合工程布置,经过优选确定。空冷散热器可采用水平布置或垂直布置,宜根据空冷塔的体型、外界风对散热效果的影响等因素经论证后确定。空冷塔设计应考虑空冷散热器的检修起吊设施。

18.5.14 排烟冷却塔的设计应符合下列规定：

1 烟气及塔内烟道应参与冷却塔的热力性能计算和优化计算。

2 排烟冷却塔应有合理的开孔加固措施。

3 排烟冷却塔的防腐设计方案及防腐产品的选择应通过技术经济比较确定。

18.5.15 海水冷却塔的选型与设计应考虑海水冷却塔与淡水冷却塔热力性能和结构性能的差异，并选择适合海水水质的冷却塔填料、除水器和相应的防腐措施。

18.5.16 当冷却塔的噪声超过环境保护要求时，应采取防治措施。

18.6 外部除灰渣系统及贮灰场

18.6.1 厂区内外灰渣管的敷设宜符合下列规定：

1 厂区外压力灰渣管宜沿地面或管架敷设，应注意不占或少占耕地，避免通过居民区及民房。

2 厂区内压力灰渣管宜敷设于地沟内，有条件时，可沿地面或厂区管架敷设。

3 当具有可靠依据证明灰管结垢或磨损不严重时，也可直埋于地下。

4 灰渣管的坡度不宜小于0.1%，在最低处应有放空措施，在最高处应有排气措施。

18.6.2 厂区外压力灰渣管宜沿路边敷设，并充分利用原有道路供检修使用。当需要修建局部或全部检修道路时，应按简易道路修筑，并注意节约用地和不影响农田耕作。

18.6.3 水灰场排水根据环保、节水等要求必须处理后重复使用，不得排放。回收水系统应根据地形、地质、水量、水质和贮灰场排水建筑物等条件确定。回收水管道宜与灰渣管一起敷设，结垢严重时应采取防结垢措施，并宜采用直埋式布置。

18.6.4 灰渣管道宜采用钢管或复合管材。灰水回收管宜采用钢管、复合管或预应力钢筋混凝土管。对于磨损严重的灰渣管段,宜采用钢管内衬铸石管或其他耐磨复合管。在灰水结垢、磨损不严重时灰渣管宜采用钢管或防结垢复合管。

18.6.5 水灰场澄清水应设置灰水回收系统。灰场回收水应重复用于冲灰系统。对于用海水输灰的滩涂灰场,灰场灰水回收应根据环保要求和工程情况确定。

18.6.6 灰水回收水泵台数不宜少于3台,其中1台备用;灰水回收管道可敷设1条,不设备用。

18.6.7 灰场应按电厂规划容量统一规划,分期分块建设。初期堤坝形成的有效容积不应少于3年按设计煤种计算的灰渣量。热电联产项目的事故灰场有效容积满足不大于6个月按设计煤种计算的灰渣量。灰场附近宜设置值班室,并有生活、通信、照明等必要的运行管理设施。

18.6.8 山谷水灰场堤坝的设计标准应按表18.6.8执行。

表18.6.8 山谷灰场灰坝设计标准

灰场级别	分级指标		洪水重现期 (a)		坝顶安全加高 (m)		抗滑稳定安全系数		
	总容积V ($\times 10^8 m^3$)	最终坝高 H(m)	设计	校核	设计	校核	外坡		内坡
							正常运行条件	非正常运行条件	正常运行条件
一	$V>1$	$H>70$	100	500	1.0	0.7	1.25	1.05	1.15
二	$0.1<V\leq 1$	$50<H\leq 70$	50	200	0.7	0.5	1.20	1.05	1.15
三	$0.01<V\leq 0.1$	$30<H\leq 50$	30	100	0.5	0.3	1.15	1.00	1.15

注:1 用灰渣筑坝时,灰坝的坝顶安全加高和抗滑稳定安全系数应按国家现行标准《火力发电厂灰渣筑坝设计规范》DL/T 5045的规定执行;

2 当灰场下游有重要工矿企业和居民集中区时,通过论证可提高一级设计标准;

3 当坝高与总容积不相应时,以高者为准,当级差大于一个级别时,按高者降低一个级别确定;

4 坝顶应高于堆灰标高至少1.0m～1.5m。

18.6.9 江、河、湖、海滩(涂)灰场围堤建设标准应与当地堤防工程一致。围堤设计应按现行国家标准《堤防工程设计规范》GB 50286的规定执行,其级别与当地堤防工程的级别相同。此外尚应符合表18.6.9规定。

表18.6.9 江、河、湖、海滩(涂)灰场围堤设计标准

灰场级别	总容积V ($\times 10^8 m^3$)	堤内汇水潮位重现期(a)		堤外风浪重现期(a)	堤顶(防浪墙顶)安全加高(m)				抗滑稳定安全系数		
					堤外侧		堤内侧		外坡		内坡
		设计	校核	设计校核	设计	校核	设计	校核	正常运行条件	非正常运行条件	正常运行条件
一	V>0.1	50	200	50	0.4	0.0	0.7	0.5	1.20	1.05	1.15
二	V≤0.1	30	100	50	0.4	0.0	0.5	0.3	1.15	1.00	1.15

注:堤顶(或防浪墙顶)应高于堆灰标高至少1m。

18.6.10 设计山谷型水灰场的坝和排洪设施时,应考虑灰场的调洪作用。设计山谷型干灰场时,应考虑截洪和排洪的导流设施。

18.6.11 当采用干式除灰时,干灰场的设计应符合下列规定:

1 整个干灰场应进行合理规划、分期、分块使用,并以此作为场内运灰道路设计、施工机具选型的依据。当填至设计标高时,应及时覆土或植被绿化。

2 当干灰场四周有汇水流域时,宜将汇水截流并引至灰场外。当山谷干灰场下游设初期坝并采用由下游向上游堆灰方式时,灰场内宜设排水设施。防洪设计标准可参照水灰场确定。

3 干灰场应配备正常运行的施工机具,并可根据情况考虑少量的备用机具。

4 干灰场内宜设喷洒水池,应有完善的供水设施。场内应配备喷洒机具,其中应至少有1辆洒水车。

5 平原干灰场周围应设不少于10m宽的绿化隔离带。山谷干灰场可利用山体及原有林木作为防风掩体,必要时可设不少于10m宽的绿化隔离带。

18.7 给水排水

18.7.1 当发电厂靠近城市、开发区或其他工业企业时,生活给水和排水的管网系统宜与城市、开发区或其他工业企业的给水和排水系统连接。

18.7.2 发电厂设有自备的生活饮用水系统时,水源选择及水源处理应符合现行国家标准《室外给水设计规范》GB 50013 的有关规定,水源卫生防护及水质标准必须符合现行国家标准《生活饮用水卫生标准》GB 5749 的有关规定。

18.7.3 净水站水处理工艺流程的选择应根据原水水质、设计处理能力和对处理后的水质要求,结合当地条件通过技术经济比较后确定。给水处理混凝、沉淀和澄清、过滤,地下水除铁、除锰、除氟等设计应按现行国家标准《室外给水设计规范》GB 50013 的有关规定执行。

18.7.4 厂区内的生活污水、生产污水、废水和雨水的排水系统应采用分流制。各种废水、污水应按清污分流的原则分类收集输送,并根据其污染的程度、复用和排放要求进行处理,处理后复用的杂用水水质应符合现行国家标准《城市污水再生利用 城市杂用水水质》GB/T 18920 的有关规定;处理后对外排放的水质应符合现行国家标准《污水综合排放标准》GB 8978 的有关规定。

18.7.5 含有腐蚀性物质、油质或其他有害物质的生产污水,温度高于 40℃ 的生产废水,应经处理达到国家现行标准规定后,方可排入生产废水系统经规范的排污口排放。

18.7.6 输煤系统建筑采用水力清扫时,其清扫产生的含煤废水应予以处理,含煤废水经处理后应重复使用。发电厂露天煤场宜设煤场雨水沉淀池,并宜与输煤系统建筑冲洗排水沉淀池合并设置。

18.7.7 生活污水、含油污水、灰水等污水的处理应符合现行行业标准《火力发电厂废水治理设计技术规程》DL/T 5046 的有关规定。

18.8 水工建(构)筑物

18.8.1 水工建(构)筑物的设计应根据水文、气象、地质、施工条件、建材供应和当地的具体情况,通过技术经济比较确定。

18.8.2 水工建(构)筑物的设计还应执行本规范第20章建筑与结构中的有关规定。

18.8.3 位于厂区的水泵房及取水建筑物,其建筑外观应与厂区的其他建筑物相协调;厂区外的水泵房及取水建筑物,其建筑造型处理应与周围环境相协调。

18.8.4 对远离厂区的水泵房,应设置必需的生产和生活设施。

18.8.5 循环水泵房电气操作层及立式水泵的电机层的地面宜采用水磨石地面,其他可采用水泥地面。

18.8.6 取水建筑物和水泵房宜采用钢塑窗或铝合金窗。进出设备的大门根据具体情况,可选用钢大门或电动卷帘门。

18.8.7 海水建筑物应采用防海水腐蚀的建筑材料或采取其他有效防腐措施,并应符合现行国家标准《河港工程设计规范》GBJ 50192的有关规定。取用海水的钢管应进行专门防护。

18.8.8 在软弱地基上修建水工建筑物时,应考虑地基的变形和稳定。当不能满足设计要求时,应采取地基处理措施。建筑物四周宜设置沉降观测点。

18.8.9 水工建筑物应按规划容量统一规划。当条件合适时,可分期建设;当施工条件困难,布置受到限制,且分期建设在经济上不合理时,可按规划容量一次建成。

18.8.10 排水明渠与河床连接处应设排水口,排水口形式可根据地形地质条件、消能、散热要求等因素确定。

18.8.11 山谷型干贮灰场周围山坡宜设截洪沟,设计标准可按重现期为十年一遇洪水考虑。

18.8.12 山谷型干贮灰场上游设有拦洪坝时,其坝高应根据不同排洪设施对设计洪水进行调洪演算,并进行技术经济比较确定。

设计标准应按照堆灰高度和容积参照表18.6.8确定。下游的挡灰堤(坝)宜为排水棱体。

18.8.13 贮灰场堤坝坝体结构宜采用当地建筑材料,当条件许可时,可采用灰渣分期筑坝,并结合环保要求,通过技术经济比较,选定安全、经济、合理的坝型。

18.8.14 在抗震设防烈度为6度及以上的地区修筑灰坝时,应根据地基条件采取相应的防止坝体和地基液化的措施。

19 辅助及附属设施

19.0.1 发电厂的设计应根据机组容量、形式、台数、设备检修特点、地区协作和交通运输等条件综合考虑，一般不设置金工修配设施。大件和精密件的加工及铸件应充分利用社会加工能力。大修外包或地区集中检修的发电厂，应按机组维修或小修的需要配置修配设施。企业自备发电厂，当企业能满足发电厂修配任务时，不另设修配设施。

19.0.2 当发电厂位于偏僻、边远地区时，可根据机组的容量和台数，因地制宜地设置锅炉、汽机、电气、燃料、化学等检修间，并配置常用的检修机具和工具。

19.0.3 发电厂应设有存放材料、备品和配件的库房与场地。材料库、油库的布置应符合现行的消防规范的有关规定。企业自备发电厂的材料库等可由企业统筹规划设计。

19.0.4 发电厂宜设置控制用和检修用的压缩空气系统，压缩空气系统和空气压缩机宜符合下列规定：

1 发电厂的压缩空气系统宜全厂共用，包括化学、除灰等工艺专业。

2 控制用和检修用的系统宜采用同型号、同容量的空气压缩机，并集中布置。空气压缩机出口接入同一母管，母管上应设控制用和检修用压缩空气电动隔离阀，并设低压力联锁保护，保证控制用压缩空气系统压力在任何工况下均满足工作压力的要求。两系统的贮气罐和供气系统应分开设置。压缩空气的供气压力应满足用气端的要求。控制用压缩空气的供气管道宜采用不锈钢管。

3 运行空气压缩机的总容量应能满足全厂热工控制用气设备的最大连续用气量，并应设置1台备用。

4 当全部空气压缩机停用时,热工控制用压缩空气系统的贮气罐容量应能维持在5min～10min的耗气量,气动保护设备和远离空气压缩机房的用气点宜设置专用的稳压贮气罐。

5 热工控制用压缩系统应设有除尘过滤器和空气干燥器,并与运行空气压缩机的容量相匹配,供气质量应符合现行国家标准《工业自动化仪表气源压力范围和质量》GB 4830的有关规定,气源品质应符合下列规定:

　　1)工作压力下的露点应比工作环境最低温度低10℃。
　　2)净化后的气体中含尘粒径不应大于3μm。
　　3)气源装置送出的气体含油量应控制在8ppm以下。

6 空气压缩机房应设有防止噪声和振动的措施。

7 当企业设有空气压缩机站,且输送条件合适时,企业自备发电厂可不另设空气压缩机。

19.0.5 发电厂设备、管道的保温设计应符合下列规定:

1 发电厂的保温设计应符合现行国家标准的有关规定。

2 表面温度高于50℃,且经常运行的设备和管道应进行保温。对表面温度高于60℃且不经常运行的设备和管道,凡在人员可能接触到的2.2m高度范围内,应进行防烫伤保温,保温层外表面温度不应超过60℃。露天的蒸汽管道宜设减少散热损失的防潮层。

3 设备和管道保温层的厚度应按经济厚度法确定。当需限制介质在输送过程中的温度降时,应按热平衡法进行计算。

4 选用的保温材料的主要技术性能指标应符合下列规定:
　　1)介质工作温度为450℃～650℃,导热系数不得大于0.11W/(m・K)。
　　2)介质工作温度小于450℃,导热系数不得大于0.09W/(m・K);导热系数应有随温度变化的导热系数方程或图表。
　　3)对于硬质保温材料密度不大于220kg/m³,对于软质保温材料密度不大于150kg/m³。

5 保温的结构设计应符合下列规定：

1）保温层外应有良好的保护层。保护层应能防水、阻燃，且其机械强度满足施工、运行要求。

2）采用硬质保温材料时，直管段和弯头处应留伸缩缝；对于高温管道垂直长度超过2m～3m，应设紧箍承重环支撑件；对于中低温管道垂直长度超过3m～5m，应设焊接承重环支撑件。

3）阀门和法兰等检修需拆的部件宜采用活动式保温结构。

19.0.6 发电厂的设备和管道的油漆、防腐设计应符合下列规定：

1 管道保护层外表面应用文字、箭头标出管内介质名称和流向。

2 对于不保温的设备和管道及其附件应涂刷防锈底漆两度、面漆两度，对于介质温度低于120℃的设备和管道及其附件应涂刷防锈底漆两度。

19.0.7 发电厂宜设贮油箱和滤油设备，不设单独的油处理室。透平油和绝缘油的贮油箱的总容积，分别不应小于1台最大机组的系统透平油量和1台最大变压器的绝缘油量的110%。

20 建筑与结构

20.1 一般规定

20.1.1 发电厂的建筑结构设计应全面贯彻"安全、适用、经济、美观"的方针。

20.1.2 建筑设计应根据生产流程、使用要求、自然条件、周围环境、建筑材料和建筑技术等因素,并结合工艺设计做好建筑物的平面布置、空间组合、建筑造型、色彩处理以及围护结构的选择;配合工艺解决建筑物内部交通、防火、防爆泄压、防水、防潮、防腐蚀、防噪声、防尘、防小动物、抗震、隔振、保温、隔热、节能、日照、采光、环保、自然通风和生活设施等问题。在进行造型、外观和内部处理时,应将建(构)筑物与工艺设备视为统一的整体考虑,并注重建(构)筑物群体与周围环境的协调。

20.1.3 发电厂内各建(构)筑物的防火设计必须符合现行国家标准《火力发电厂与变电站设计防火规范》GB 50229 及国家其他有关防火标准和规范的规定。

20.1.4 发电厂建(构)筑物的结构设计使用年限,除临时性结构外应为 50 年。

20.1.5 结构设计时,应根据结构破坏可能产生后果的严重性,采取不同的安全等级。高度 200m 及以上的烟囱、主厂房钢筋混凝土煤斗、钢筋混凝土悬吊锅炉炉架安全等级为一级,其余建(构)筑物均为二级。

20.1.6 厂区辅助、附属和生活建筑物的规模和面积应执行现行国家及行业标准的有关规定;贯彻节约用地原则,房屋宜采用多层建筑和联合建筑。

20.1.7 选择建筑材料时,宜考虑不同地区特点,因地制宜,使用可再循环利用的材料,建筑砌体材料不应使用国家和地方政府禁用的黏土制品。

20.1.8 结构设计必须在承载力、稳定、变形和耐久性等方面满足生产使用要求,同时尚应考虑施工及安装条件。对于混凝土结构,必要时应验算结构的裂缝宽度。承受动力荷载的结构,必要时应做动力计算。煤粉仓应做密封处理,并考虑防爆要求。

20.1.9 建(构)筑物变形缝的设计应符合下列规定:

　　1 建(构)筑物应根据体型、荷载、工程地质和抗震设防烈度,设置沉降缝或抗震缝。

　　2 主厂房纵向温度伸缩缝的最大间距,对现浇钢筋混凝结构,不宜超过 75m;对装配式钢筋混凝土结构,不宜超过 100m;对钢结构,不宜超过 150m。

　　3 变形缝不应破坏建筑物装修面层,其构造和材料应根据其部位与需要,分别采用防水、防火、保温和防腐蚀等措施。

　　4 当有充分根据,采取有效措施或经过温度应力计算能满足设计要求时,可适当增大温度伸缩缝的间距。

　　5 主厂房温度伸缩缝宜布置在两机组单元之间,宜采用双柱双屋架,伸缩缝处梁板及围护结构宜采用悬挑结构。

20.1.10 对位于海滨的电厂外露结构应采取防盐雾侵蚀措施。

20.2 抗震设计

20.2.1 发电厂的抗震设计应贯彻预防为主的方针,使建筑物经抗震设防后,能减轻建筑损坏,避免人员伤亡,减少经济损失。

20.2.2 抗震设防烈度为 6 度及以上的建筑物应做抗震设防。发电厂建(构)筑物抗震设防应按现行国家标准《建筑工程抗震设防分类标准》GB 50223、《电力设施抗震设计规范》GB 50260 的有关规定执行,并应符合下列规定:

　　1 特别重要的工矿企业的自备发电厂的主厂房主体结构、锅炉炉架、烟囱、烟道、运煤栈桥、碎煤机室与转运站、主控制楼(包括集中控制楼)、屋内配电装置楼、燃油和燃气机组电厂的燃料供应设施等按现行国家标准《建筑工程抗震设防分类标准》GB 50223中的重点设防类(乙类)建筑进行抗震设防。

2 材料库、厂区围墙、自行车棚等次要建筑物,应按现行国家标准《建筑工程抗震设防分类标准》GB 50223中的适度设防类(丁类)建筑进行抗震设防。

3 除第1款和第2款外的其他建筑物,应按现行国家标准《建筑工程抗震设防分类标准》GB 50223中的标准设防类(丙类)建筑进行抗震设防。

20.3 主厂房结构

20.3.1 主厂房框(排)架宜采用钢筋混凝土结构,有条件时也可采用组合结构或钢结构。

20.3.2 汽机房屋面结构应选用有檩、无檩或板梁(屋架)合一的屋盖体系。对无檩体系的厂房,在施工条件及材料允许的情况下宜采用预应力大型屋面板;对有檩体系,宜采用小槽板或以压型钢板做底模的现浇钢筋混凝土层面板。

20.3.3 汽机房屋架跨度为18m及以下,宜采用钢筋混凝土屋架或预应力钢筋混凝土薄腹梁;当跨度大于18m时,宜采用钢屋架或实腹钢梁。

20.3.4 主厂房围护结构应与承重结构体系相适应,宜采用砌块,必要时亦可采用新型轻质墙板。

20.3.5 悬吊锅炉炉架宜采用独立式布置。炉架宜采用钢结构,也可采用钢筋混凝土结构。

20.3.6 汽轮发电机基础应按现行国家标准《动力机器基础设计规范》GB 50040的有关规定进行设计。

20.4 地基与基础

20.4.1 地基与基础的设计应根据工程地质和岩土工程条件,结合发电厂各类建(构)筑物的使用要求,充分吸取地区的建筑经验,综合考虑结构类型、材料供应等因素,采用安全、经济、合理的地基基础形式。

20.4.2 主厂房地基设计应根据不同的工程地质条件,或厂房不同的结构单元,采用适合的地基形式和桩基持力层。

20.4.3 地基除做承载力计算外,尚应按现行国家标准《建筑地基基础设计规范》GB 50007 的有关规定对地基变形和稳定做必要验算。

20.4.4 当地基的承载力、变形或稳定不能满足设计要求时,应采用人工地基。重要建(构)筑物的地基处理应进行原体试验。当工程建设场地拟采用的地基处理方法具有成熟经验时,扩建工程可不进行原体试验。

20.4.5 厂房基础的选型宜采用独立基础,也可依次采用条形、筏板、箱形基础。

20.4.6 贮煤场、大面积负载区内及其邻近的建筑物,应根据地质条件考虑堆载的影响。当地基不能满足设计要求时,应进行处理。

20.4.7 主要建(构)筑物应设置沉降观测点。

20.4.8 在扩建设计中,应考虑扩建建(构)筑物对原有建(构)筑物的影响。

20.5 采光和自然通风

20.5.1 建筑物宜优先考虑天然采光,设计应符合下列规定:

  1 建筑物室内天然采光照度应符合现行国家标准《建筑采光设计标准》GB/T 50033 的有关规定。

  2 建筑物在满足采光要求的前提下减小采光口面积,其布置应不受设备遮挡的影响。

  3 侧窗设计应考虑建筑节能和便于清洁,避免设置大面积玻璃窗。

20.5.2 汽轮机房宜采用侧窗和顶部混合采光方式,运转层采光等级可按Ⅴ级设计。

20.5.3 各类控制室应避免控制屏表面和操作台显示器屏幕面产生眩光及视线方向上形成的眩光。

20.5.4 发电厂建筑宜采用自然通风；墙上和楼层上的通风口应合理布置，避免气流短路和倒流，减少气流死角。

20.6 建筑热工及噪声控制

20.6.1 建筑热工设计应符合国家节约能源的方针，使设计与地区气候条件相适应，应注意建筑朝向，节约建筑采暖和空调能耗，改善并保证室内热环境质量。

20.6.2 厂区生活建筑物和人员集中的辅助和附属建筑物的热工设计应执行现行国家标准《民用建筑热工设计规范》GB 50176 的有关规定。严寒地区和寒冷地区还应执行现行行业标准《严寒和寒冷地区居住建筑节能设计标准》JGJ 26 的有关规定。

20.6.3 建筑设计应重视噪声控制，在布置上应使主要工作和生活场所避开强噪声源，对噪声源应采取吸声和隔声措施。在噪声控制设计中，应符合现行国家标准《工业企业噪声控制设计规范》GBJ 87 的有关规定。

20.7 防 排 水

20.7.1 主厂房有冲洗要求的地面应考虑有组织排水；除氧器层、煤仓层及有冲洗要求的楼面(包括运煤栈桥)、主厂房屋面(包括露天锅炉的炉顶结构和运转层平台)应防水并有组织排水。电气和控制设备间的顶板应有可靠的防排水措施。屋面工程的设计应符合现行国家标准《屋面工程技术规范》GB 50345 的有关规定。

20.7.2 所有室内沟道、隧道、地下室和地坑等应有妥善的排水设计和可靠的防排水设施。当不能保证自流排水时，应采用机械排水并防止倒灌。严禁将电缆沟和电缆隧道作为地面冲洗水和其他水的排水通路。

20.7.3 电气建筑物的屋面宜采用现浇钢筋混凝土结构(装配整体结构屋面需加整浇层),应选用优质防水层和有组织排水。

20.8 室内外装修

20.8.1 建筑物室内外装修应符合下列规定:

　　1 建筑物的室内外墙面应根据使用和外观需要进行处理,内外墙表面宜耐污染、易清洗。

　　2 地面和楼面材料除工艺要求外,宜采用耐磨、易清洗的材料。

　　3 室内装修应符合现行国家标准《建筑内部装修设计防火规范》GB 50222 的有关规定。

20.8.2 有侵蚀性物质的房间,其内表面(包括室内外排放沟道的内表面)应采取防腐蚀措施。有可燃气体的房间,其内部构件布置应便于气体的排出。

20.9 门 和 窗

20.9.1 建筑物门的设计应符合下列规定:

　　1 厂房运输用门宜采用钢门。

　　2 大型设备出入口可采用电动大门(在大门上或附近宜设人行门)。在严寒和寒冷地区应选用保温与密闭性能好的门窗。

　　3 电气设备房间应采用非燃烧材料的门,门窗及墙上孔洞应有防止小动物进入的措施。

20.9.2 建筑物窗的设计应符合下列规定:

　　1 建筑物宜采用钢窗、塑钢窗或铝合金窗等,必要时可加设纱窗。

　　2 在人员经常活动的范围内宜设平开窗或推拉窗。

　　3 通风用高侧窗宜采用机械起闭装置。

　　4 建筑物设计应考虑窗扇维护和擦洗的便利。

20.9.3 有侵蚀性物质的房间门和窗应考虑耐腐蚀。

20.10 生活设施

20.10.1 集中控制室、运煤、除灰等系统运行人员较集中的场所，应设有休息室、更衣室等生活设施。

20.10.2 厂区宜有集中的浴室。燃料分场应就近另设专用浴室。

20.10.3 主要生产建筑物的主要作业层和人员较集中的建筑物应考虑饮用水设施，并应设有厕所和清洁用的水池。

20.11 烟 囱

20.11.1 烟囱设计应符合现行国家标准《烟囱设计规范》GB 50051及其他现行的烟囱设计标准的有关规定。

20.11.2 烟囱结构可采用单筒式或套筒式，其选型可视烟气腐蚀性的强弱、锅炉运行及环保等要求，结合烟气条件，应符合下列规定：

1 当排放强腐蚀性烟气时，应采用套筒式烟囱。

2 当排放中等腐蚀性烟气时，宜采用套筒式烟囱，也可采用防腐型单筒式烟囱。

3 当排放弱腐蚀性烟气时，可采用防腐型单筒式烟囱。

20.11.3 当采用套筒式烟囱时，外筒壁及排烟内筒间应考虑便于人员巡查、维修检修的条件。

20.11.4 烟囱的防腐材料应具有良好的耐酸、耐温、抗渗和密封等性能。

20.12 运煤构筑物

20.12.1 运煤栈桥可采用钢筋混凝土结构。当运煤栈桥跨度大于24m时，其纵向结构宜采用钢桁架。

20.12.2 运煤栈桥可根据气候条件采用封闭、半封闭或露天形式，当为封闭式时宜采用轻型围护结构。

20.12.3 干煤棚顶盖宜采用钢结构。

20.13 空冷凝汽器支承结构

20.13.1 空冷凝汽器支承结构平面布置应采用规则、对称的布置形式。

20.13.2 空冷凝汽器支承结构可采用钢筋混凝土框架结构、钢结构及钢桁架和钢筋混凝土管柱组成的混合结构。

20.13.3 主要承重钢结构构件应采取可靠的防腐措施。

20.14 活 荷 载

20.14.1 发电厂建（构）筑物的屋面、楼（地）面结构设计应考虑在生产使用、检修、施工安装时，由设备、管道、运输工具、材料堆放等重物所引起的荷载。

20.14.2 对无特殊要求的活荷载取值，可按表20.14.2采用。

20.14.3 汽机房、灰浆泵房、修配厂、检修间及引风机室等的吊车按照现行国家标准《起重机设计规范》GB/T 3811—2008中工作级别A1～A3取值，燃煤及除灰建筑的桥式抓斗吊车按工作级别A6、A7取值。

20.14.4 变电构架的设计除按工艺提供的导线、地线水平张力、垂直荷载、设备自重外，尚应计算检修、操作等其他活荷载。

表20.14.2 火力发电厂主厂房屋面、楼(地)面均布活荷载标准值及组合值、频遇值和准永久值系数

序号	名称		标准值(kN/m²)	计算次梁、双T板及槽形板主肋折减系数	计算主梁(柱)时折减系数	计算主框架排架用楼(屋)面活荷载(kN/m²)	组合值系数	频遇值系数	准永久值系数	备注
一	汽机房									
1	0.000m									
		集中检修区域地面	15~20	—	—	—	—	—	—	—
		其他空闲地面及钢筋混凝土沟盖板①	10	—	—	—	—	—	0.5	—
		钢盖板(钢格栅板)	4	—	—	—	0.7	0.7	0.5	—
2	中间层平台									
		加热器平台管道层及低压加热器楼面	4	0.8	0.8	—	0.8	0.8	0.7	—
		汽轮发电机基座中间层平台	4	0.8	0.7	—	0.8	0.8	0.7	—
3	汽机房运转层									
		加热器平台区域楼板及固定端平台	6~8	0.8	0.7	—	0.7	0.7	0.5	—
		扩建端山墙悬挑走道平台	4	0.8	0.7	—	0.7	0.7	0.5	—

序号	区域								备注
	汽轮发电机检修区域楼板及汽轮发电机基座平台	15~20	0.8	0.7	—	0.7	0.7	0.5	—
	A排柱悬臂平台②	4	1.0	—	4	0.75	0.7	0.6	—
	B排柱悬臂平台②	8	1.0	—	5~6	0.75	0.7	0.6	—
	钢盖板（钢格栅板）	4	—	—	—	0.7	0.7	0.5	—
4	汽机房屋面①	1	1	0.7	0.5~0.7	0.7	0.5	0.2	—
二	除氧间								
5	厂用配电装置楼面	6(10)	0.7	—	3(6)	0.95	0.9	0.8	括号内取值用于高压（>380V）配电装置
6	通风层、电缆夹层楼面	4	0.8	—	3	0.95	0.9	0.7	—
7	运转层（管道层）楼面	6~8	0.8	—	5~6	0.9	0.9	0.7	—
8	其他（非运转层）管道层楼面	4	0.8	—	3	0.9	0.9	0.7	—
9	除氧器层层面③	4	0.7	—	3~4	0.9	0.9	0.7	—

续表 20.14.2

序号	名称	标准值 (kN/m^2)	计算次梁、双T板及槽板主肋折减系数	计算主梁(柱)时折减系数	计算主框架排架用楼(屋)面活荷载 (kN/m^2)	组合值系数	频遇值系数	准永久值系数	备注
10	除氧间屋面	4(2)	0.7	—	3(1)	0.7	0.6	0.4	括号内数值用于该层无任何设备管道荷载,施工安装时仅有少量材料堆放时
三	煤仓间								
11	0.000m磨煤机地坪	15	—	—	—	—	—	—	—
12	运转层楼面	6	0.7	—	5	0.9	0.9	0.7	—
13	给粉层平台	4	0.7	—	3	0.9	0.9	0.7	—
14	煤斗层楼面	4	0.7	—	3	0.9	0.9	0.7	—
15	皮带层楼面	4	0.8	—	3	0.9	0.9	0.7	—
	皮带机头部传动装置楼面	10	0.7	—	6	0.9	0.9	0.7	—
16	煤仓间屋面	4(2)	0.7	—	3(1)	0.7	0.6	0.4	括号内数值用于该层无任何设备管道荷载,施工安装时仅有少量设备材料堆放时

序号	类别	项目								备注
17		除氧间煤仓间非运转层的各层悬臂平台	4	0.8	—	—	3	0.9	0.9	0.7	—
四	锅炉房										
18		0.000m地坪及钢筋混凝土沟盖板①	10	—	—	—	—	0.9	0.7	0.5	—
19		运转层楼面⑤	8	0.8	0.7	—	6	0.7	0.8	0.6	—
20		锅炉房屋面⑥	1	1.0	0.7	—	0.5~0.7	0.7	0.6	0.2	—
21		炉顶小室屋面⑥	1	1.0	0.8	—	—	0.7	0.6	0.0	—
五	其他										
22		集中控制室楼面	4	0.8	0.7	—	3	0.9	0.9	0.7	—
		继电器室蓄电池室楼面	6	0.8	0.7	—	4	0.9	0.9	0.7	—
		集中控制室屋面	1	1.0	0.7	—	0.7	0.7	0.6	0.2	当有机具、材料堆放时,按26项取值
23		电梯间机房楼面及联络平台	4	—	0.7	—	4	0.9	0.9	0.7	机房楼面荷载由厂家提供

续表20.14.2

序号	名称	标准值(kN/m²)	计算次梁、双T板反槽板主肋时折减系数	计算主梁(柱)时折减系数	计算主框排架用楼(屋)面活荷载(kN/m²)	组合值系数	频遇值系数	准永久值系数	备注
24	除氧间、煤仓间钢筋混凝土楼梯(包括主钢楼梯)	4	—	—	—	0.7	0.7	0.5	当运行检修中有可能放置较重的零部件时,用大值
25	主厂房钢楼梯	2	—	—	—	0.7	0.6	0.5	—
26	可能安装材料其他生产建筑物(含集控室)屋面	4	0.8	0.7	—	0.7	0.6	0.4	—

注：① 汽机房、锅炉房零米设备运行检修(风扇磨、钢球磨煤机等检修)、钢球磨煤机等检修间、钢球磨煤机等检修通道部分的钢筋混凝土沟盖板及沟道(包括隧道)应按实际产生的集中(或均布)活荷载进行计算。安装时的临时构件作设备运输起吊通道产生的荷载,应采取临时措施解决。

② 不包括汽机横向布置时转子安装检修对平台子产生的荷载。当需要将转子支承在平台上时,应由工艺提供荷载;当汽轮机纵向布置,高压汽轮机运转层平台与A(B)排悬臂平台间搭设临时安装检修平台时作用于A(B)排板肋(或边梁)的荷载可按10kN/m²(包括平台自重)计算。

③ 表中汽机房、锅炉房屋面(包括炉顶小屋面)活荷载仅适用于钢筋混凝土屋面。

④ 低压(≤380V)配电装置楼面由工艺提供,一般盘柜可按实际拖运方案,采取临时性措施解决。

⑤ 当除氧器布在楼面上拖运时,其对楼(地)面产生的荷载应根据实际拖运方案,采取临时性措施解决。

⑥ 次梁(板)主助折减系数与主梁(柱)折减系数不同时考虑。

21 采暖通风与空气调节

21.1 一般规定

21.1.1 采暖地区分为集中采暖地区和采暖过渡地区,集中采暖地区的生产厂房和辅助建筑物应设计集中采暖。采暖过渡地区根据生产工艺要求,或对生产过程中易发生冻结的厂房和辅助建筑设计采暖。集中采暖地区和采暖过渡地区划分原则应符合下列规定:

  1 历年每年最冷月平均气温低于或等于5℃的日数,大于或等于90d的地区为集中采暖地区。

  2 历年每年最冷月平均气温低于或等于5℃的日数,大于或等于60d,且小于90d的地区,为采暖过渡地区。

21.1.2 厂区以外的生活福利建筑物的采暖应符合当地建设标准。

21.1.3 发电厂的建筑物采暖热媒选择应符合下列规定:

  1 集中采暖地区采暖热媒宜采用高温热水,供、回水温度不宜低于110℃/70℃,过渡地区可采用95℃/70℃。

  2 严寒地区的主厂房、输煤系统如需要采用蒸汽作为热媒时,应经技术、经济、安全、卫生等方面的论证。蒸汽温度不超过160℃,凝结水必须回收利用。

21.1.4 空气调节系统的冷源和冷却水源应根据所在地区的条件、全厂可用冷却水源的水质及供水条件,通过技术经济比较确定。当工业水或工业循环水供水条件和水质符合要求,且水源能够保证连续供给时,应优先作为冷却水源。

21.1.5 在输送、贮存或生产过程中会产生易燃、易爆气体或物料的建筑物,严禁采用明火和电加热器采暖。

21.1.6 位于集中采暖地区的发电厂,当采用单台汽轮机的抽汽作为采暖系统热源时,应设备用汽源。

21.1.7 采暖、通风和空气调节室内设计参数应符合下列规定:

  1 冬季采暖室内设计温度应根据工艺特点确定,并应符合现行国家标准《采暖通风与空气调节设计规范》GB 50019 的有关规定。

  2 夏季通风室内设计温度应根据工艺要求确定,当工艺无特殊要求时,应按室内散热强度确定作业地带温度。

  3 空气调节室内设计温湿度基数应根据工艺要求确定。一般舒适性空调室内设计参数应符合现行国家标准《采暖通风与空气调节设计规范》GB 50019 的有关规定。

21.1.8 通风和空气调节设计应根据现行国家标准《火力发电厂与变电站设计防火规范》GB 50229 及国家其他防火规范的有关规定设置防火排烟措施,并与消防控制中心联动控制。

21.1.9 空气调节系统及装置的设置范围应根据工艺要求和生产实际需要确定。

21.1.10 对散热量和散湿量较大的车间,其作业地带的空气温度应符合表 21.1.10 的要求。

表 21.1.10 散热量和散湿量车间空气温度规定

序号	车间作业地带的特征	车间作业地带空气温度
1	散热量 $Q<23W/m^3$	不超过夏季通风室外计算温度 3℃
2	$23W/m^3 \leqslant$ 散热量 $Q \leqslant 116W/m^3$	不超过夏季通风室外计算温度 5℃
3	散热量 $Q>116W/m^3$	不超过夏季通风室外计算温度 7℃

注:作业地带系指工作地点所在的地面以上 2m 内的空间。

21.1.11 电厂各类建筑及车间的通风设计原则应符合下列规定:

  1 对余热和余湿量均较大的建筑和车间,通风量应按排除余热或余湿所需空气量中较大值确定。

  2 对有可能放散有毒和有害气体的车间,应根据满足室内最高允许浓度所需的换气次数确定通风量,室内空气严禁再循环。有毒、有害气体的排放应符合现行有关国家标准的要求。

3 当周围环境空气较为恶劣或工艺设备有防尘要求时,宜采用正压通风,进风应过滤。

21.1.12 对有易燃、易爆气体产生的车间,应设事故通风。事故通风量按换气次数不小于12次/h计算,事故通风宜由正常通风系统和事故通风系统共同保证。

21.2 主 厂 房

21.2.1 主厂房采暖宜按维持室内温度+5℃计算围护结构热负荷,计算时不考虑设备、管道散热量。

21.2.2 在夏季,锅炉房的通风设计应利用锅炉送风机吸取锅炉房上部的热空气作为机械排风;在冬季,锅炉送风机室内的吸风量应根据热平衡计算确定。

21.2.3 主厂房的通风设计应符合下列规定:

1 主厂房宜采用自然通风方式。锅炉房及汽机房宜设避风天窗。

2 当利用除氧间高侧窗或其他排风措施,经技术经济比较合理时,汽机房可不设避风天窗。

3 当自然通风达不到卫生或生产要求时,应采用机械通风方式或自然与机械结合的通风方式。

21.2.4 紧身封闭的锅炉房应采用自然通风。

21.2.5 主厂房的通风换气量应符合下列规定:

1 汽机房应考虑同时排出余热量和余湿量。

2 锅炉房只考虑排出余热量。

3 主厂房余热量的确定可不考虑太阳辐射热。

21.2.6 主厂房内控制室应根据工艺要求及生产实际需要设置空气调节装置。

21.2.7 50MW级以上机组,锅炉房运转层、锅炉本体及顶部应

设置真空清扫系统清扫积尘,该系统兼管煤仓间不宜水冲洗部位的积尘清扫,并应满足下列要求:

  1 按高真空吸入式选择主要设备和配置输送管网。

  2 应根据锅炉布置形式、锅炉容量、清扫装置布置条件以及除灰系统方式等因素,确定设置车载式或固定式真空清扫装置。

21.3 电气建筑与电气设备

21.3.1 主控制室、通信室、不停电电源室等应根据工艺对室内的温度、湿度要求,设置空气调节装置或降温措施。

21.3.2 集中控制室、电子设备间、电子计算机室、单元控制室等应按全年性空气调节系统设置,空气处理设备宜按设计冷负荷及风量的 $2\times100\%$(或 $3\times50\%$)配置,集中制冷、加热系统宜采用集中控制方式。其他控制室应根据工艺要求及生产实际需要设置空气调节装置。

21.3.3 蓄电池室的通风设计应符合下列规定:

  1 蓄电池室应维持一定的负压,室内换气次数每小时不得小于 3 次,排风系统的排风口应设在房间的上部,空气不允许再循环。

  2 对免维护蓄电池室,室内温度不宜高于 30℃,当通风系统不能满足室内温度要求时,宜采取直流降温措施。

  3 蓄电池室的通风机及电动机应为防爆式,并应直接连接。蓄电池室内的降温设施应为防爆式。

21.3.4 当主厂房电气设备间内设有高压开关柜或干式变压器等散热量较大的电气设备时,室内环境温度不宜高于 35℃。当符合下列条件之一时,通风系统宜采取降温措施:

  1 夏季通风室外计算温度大于或等于 33℃。

  2 夏季通风室外计算温度大于或等于 30℃,且小于 33℃,最热月月平均相对湿度大于或等于 70%。

21.3.5 厂用变压器室的通风设计应符合下列规定:

1 油浸式变压器室的通风,按夏季排风温度不超过45℃,进风与排风的温度差不超过15℃计算。

　　2 干式变压器室的通风,按夏季排风温度不超过40℃计算。

21.3.6 厂用配电装置室的事故通风量应按每小时不应少于12次计算。

21.3.7 电抗器室的通风应按夏季排风温度不超过40℃计算。

21.3.8 电缆隧道的通风应按夏季排风温度不超过40℃,进风与排风的温度差不超过10℃计算。电缆隧道宜采用自然通风。

21.3.9 发电机出线小室布置有电压互感器、电流互感器、励磁盘及灭火电阻等设备时,宜采用自然通风。当小室内设有电抗器、隔离开关等设备时,应有自然进风和机械排风的设施,其通风量分别按本规范第21.3.7条确定。当出线小室设有硅整流装置时,宜采用自然进风、机械排风。当环境空气质量恶劣时,进风应过滤。

21.3.10 六氟化硫设备间及检修室,应设置上部和下部机械排风装置。室内空气严禁再循环。正常运行时的排风量,应按每小时不少于2次换气计算;事故时的排风量应按每小时不少于12次换气计算,并应符合室内空气中六氟化硫的含量不得超过6000mg/m³的要求。

21.3.11 电气建筑和电气设备间的通风、空调系统的防火排烟措施应视消防设施的性质确定。

21.4 运煤建筑

21.4.1 运煤建筑物的采暖应选用不易积尘的散热器。斜升运煤栈桥内的散热器宜布置在检修通道侧的下部。采暖过渡地区运煤建筑物内的运煤带式输送机头部及尾部可设置局部采暖。

21.4.2 碎煤机室及运煤转运站等局部扬尘点应采取除尘措施。

21.4.3 煤仓间胶带落煤口在工艺采取密封措施的基础上,宜设置除尘装置。

21.4.4 运煤系统的地下卸煤沟、运煤隧道、转运站等地下建筑物应有通风设施,宜采用自然进风、机械排风。通风量可按夏季换气次数每小时不小于 15 次、冬季换气次数每小时不小于 5 次计算。对于严寒地区冬季通风、除尘系统运行期间,应根据热、风平衡计算冬季通风耗热量,其补偿应符合下列规定:

  1 宜通过采暖系统予以补偿。
  2 允许室内温度低于 16℃,但不得低于 5℃。

21.4.5 运煤集中控制室应根据工艺要求及生产实际需要设置空气调节装置。

21.5　化 学 建 筑

21.5.1 水处理室的电渗析室、反渗透间、过滤器及离子交换器间在夏季宜采用自然通风。在设计采暖和通风时,宜计入设备散热量。

21.5.2 酸库及酸计量间应设有换气次数每小时不小于 15 次的通风装置。室内空气严禁再循环。

21.5.3 碱库及碱计量间宜采用自然通风,当酸碱共库时,应按酸库要求设计通风。

21.5.4 化验室应设通风柜。化验室及药品贮存室应设有换气次数每小时不小于 6 次的通风换气装置。

21.5.5 加氯间及充氯瓶间应设有换气次数每小时不小于 15 次的机械排风装置。

21.5.6 氨、联氨仓库及加药品间应设有换气次数每小时不小于 15 次的机械排风装置。通风机及电动机应为防爆式,并应直接连接。

21.5.7 天平间、精密仪器室、热计量室等应根据工艺要求设置空气调节装置。

21.5.8 水处理车间的控制室应根据工艺要求及生产实际需要设置空气调节装置。

21.5.9 在有腐蚀性物质产生的房间内,采暖通风系统的设备、管道及附件应采取防腐措施。

21.5.10 对其他化学建筑应根据车间及排除气体的性质确定通风方式和通风量。

21.6 其他辅助及附属建筑

21.6.1 集中采暖地区,循环水泵房、岸边水泵房、污水泵房、燃油泵房、灰渣泵房、空压机房等如设有人员值班室,应保证室内温度不低于16℃,设备间设值班采暖。

21.6.2 循环水泵房或岸边水泵房,当水泵配用的电动机布置在地上部分时,宜采用自然通风;当水泵配用的电动机布置在地下部分时,应设有机械通风装置。

21.6.3 空压机房、灰渣泵房夏季宜采用自然通风,通风量按排除余热计算。冬季空压机由室内吸风时,应按吸风量进行热风补偿,室外计算参数应采用室外采暖计算温度。

21.6.4 油泵房的通风设计应符合下列规定:

　　1 当油泵房为地上建筑时,宜采用自然通风;油泵房为地下建筑时,应采用机械通风。

　　2 油泵房的通风量应采取下列三项计算结果的较大值:
　　　　1)按排除余热所需要的风量计算;
　　　　2)按换气次数每小时不小于10计算;
　　　　3)油泵房的通风量应符合空气中油气的含量不超过 $350mg/m^3$、体积浓度不超过0.2%的要求。

　　3 室内空气严禁再循环。

　　4 油泵房的通风机及电动机应为防爆式,并应直接连接。

21.7 厂区制冷、加热站及管网

21.7.1 凝汽式发电厂或只供生产用汽的热电厂,当厂区采暖热媒为热水时,应设置采暖热网加热器。

21.7.2 厂区加热站的设备容量和台数宜按本规范第13.9节的

相关内容确定,并根据电厂规划容量确定预留条件。

21.7.3 厂区采暖热网加热器的凝结水可回收至除氧器或疏水箱。当凝结水不能自流回收时,应设凝结水泵。其台数不应少于2台,其中1台备用。

21.7.4 厂区采暖热网补给水及定压方式可采用开式膨胀水箱、直接补水、补给水泵或其他方式。定压点压力(定压点压力为直接连接用户中最高充水高度与供水温度相应汽化压力之和,并应有0.03MPa～0.05MPa 的富裕压力)宜设在热网循环水泵吸入管段上,并应符合下列规定:

1 采用开式膨胀水箱定压时,开式膨胀水箱的设置高度应为定压点压力。膨胀水箱的容积宜根据系统的水容量、运行中最大水温变化值和系统的小时泄露量等因素确定。露天布置的膨胀水箱应有防冻措施。

2 当根据水压图可以确定补给水能够直接而可靠地补入热网时,可采用直接补水系统定压。

3 采用补给水泵定压时,补给水泵应设2台,其中1台备用,备用补给水泵应能自动投入。补给水泵的扬程应根据水压图决定。

21.7.5 热水采暖管网应采用双管闭式循环系统。蒸汽采暖管网宜采用开式系统,其凝结水必须回收利用。

21.7.6 采暖热网的主干管应通过采暖热负荷集中的地区。

21.7.7 厂区采暖热网管道的敷设方式应根据工程的具体情况,经技术经济比较选用架空、地沟或直埋敷设。

21.7.8 地沟内敷设的采暖供热管道的阀门及需要经常维修的附件处应设检查井。

21.7.9 集中采暖地区和过渡地区,当补给水水泵房、岸边水泵房或贮灰场管理站等远离厂区,且厂区供热管网不能供给时,其生产和生活建筑宜采用以电能作为热源的局部集中或分散供热方式,热源设备不设备用。

21.7.10 当空调系统冷源采用人工冷源时,制冷站宜与厂区采暖加热站合并设置。当因工艺需要独立设置集中制冷站时,应尽量靠近冷负荷较大的建筑。

21.7.11 全厂空调系统宜根据工程的具体情况统一规划冷源容量和布置冷水管网。

21.7.12 人工冷源的选择应符合下列规定:

　　1 在蒸汽汽源没有可靠保证的情况下,应采用电动压缩制冷。

　　2 在蒸汽汽源有可靠保证的情况下,可采用溴化锂吸收制冷。

21.7.13 制冷机组的选型应符合下列规定:

　　1 当采用压缩式冷水机组时,宜按设计冷负荷的2×75%或3×50%选型。

　　2 当选用溴化锂吸收式冷水机组时,宜按设计冷负荷的2×60%选型。

　　3 当采用其他形式的冷水机组或整体式空调机组时,应根据设计冷负荷合理设置备用容量。

21.7.14 制冷系统冷却水的水质应符合现行国家标准《工业循环冷却水处理设计规范》GB 50050及有关产品对水质的要求。

22 环境保护和水土保持

22.1 一般规定

22.1.1 发电厂的环境保护设计和水土保持设计必须贯彻执行国家和省、自治区、直辖市地方政府颁布的环境保护的法律、法规、政策、标准和规定。采取的污染治理措施应满足环境影响报告书、水土保持方案报告书及其批复意见的要求。

22.1.2 发电厂的环境保护设计，应采取措施防治废气、废水、固体废物及噪声对环境的污染和施工建设对生态的破坏。厂区应进行绿化规划，改善生产及生活环境。

22.1.3 发电厂设计中应贯彻国家产业政策和发展循环经济及节能减排的要求，采用清洁生产工艺，合理利用资源，减少污染物产生量，治理污染与资源综合利用相结合。

22.1.4 废水、废气、固体废物的处理应选用高效、实用、无毒、低毒的处理方案和药剂，处理过程中如产生二次污染，应采取相应的治理措施。

22.1.5 热电联产机组应符合当地经批准的供热总体规划的要求，并应符合国家对热电联产机组的有关要求。

22.1.6 对扩建、改建的发电厂，应"以新代老"，对原有的污染源进行治理，与环境保护设施有关的公用系统的设计应新老厂统一规划。

22.2 环境保护和水土保持设计要求

22.2.1 发电厂的设计在可行性研究阶段，应编制环境保护篇章并委托有资质单位编制环境影响报告书、水土保持方案报告书；在初步设计阶段，应根据环境影响报告书、水土保持方案报告书及其审批意见编制环境保护专篇和水土保持方案专篇,提出环境保护和水土保持的工程措施;在施工图设计阶段应落实各项环境保护措施和水土保持措施。

22.3 各类污染源治理原则

22.3.1 大气污染防治应符合下列规定:

1 发电厂排放的大气污染物应符合现行国家标准《火电厂大气污染物排放标准》GB 13223、《锅炉大气污染物排放标准》GB 13271 的规定和污染物排放总量控制的要求。并应符合省、自治区、直辖市等地方政府颁发的有关排放标准的规定。

2 发电厂的锅炉必须装设高效除尘设施。其除尘效率及烟尘排放浓度应持续、稳定达到国家及地方标准要求。

3 除按规定可预留脱硫场地的火力发电厂外,其他发电厂设计应采取稳定、可靠的脱硫措施,二氧化硫排放量及排放浓度应符合国家及地方标准要求。二氧化硫排放总量应符合总量控制指标要求。脱硫设施的设计应符合国家有关设计规程、规范要求。

4 发电厂锅炉应采用低氮燃烧措施,并依据环境影响评价要求确定是否采取烟气脱硝措施,氮氧化物排放浓度应符合国家及地方标准要求。

5 发电厂宜采用高烟囱排放,烟囱高度应根据环境影响评价确定,并应高于锅炉(房)高度的 2 倍~2.5 倍,当烟囱高度受到限制时,应采取合并烟囱、提高烟气抬升高度等措施。

6 燃料、灰渣、脱硫系统物料的制备、贮运应采取密闭、防尘措施,减少无组织排放,防止二次污染,灰场应采取措施防止扬尘污染。

22.3.2 废水治理应符合下列规定:

1 发电厂应做节约用水设计,提高水的循环利用率和重复利用率,采取合理生产工艺减少废水产生量,处理达标后的废水应尽量回收重复利用。

2 对外排放水质必须符合现行国家标准《污水综合排放标准》GB 8978 和地方有关污水排放的要求。不符合排放标准的废污水不得排入自然水体或任意处置。

3 发电厂各生产作业场所排出的各种废水和污水,应按清污分流原则分类收集和输送,宜分散处理、达标集中排放。企业自备发电厂的生产废水和生活污水宜由企业的污水处理厂集中处理。

4 发电厂的废水、污水排放口应规范化设计,设置采样点及计量装置。

5 酸碱废水宜采用酸碱中和处理工艺;含油废水宜采用油水分离处理工艺;含煤污水宜采用絮凝沉降处理工艺;脱硫废水应有专门的处理设施,处理后全部回用;冲灰、渣水应优先考虑重复利用,不外排;生活污水宜采用生化处理装置处理;锅炉大修冲洗排水应根据清洗方案确定相应的处理方案;直流循环的温排水应根据地表水体的环境状况,合理设置排水口。

22.3.3 固体废物治理及综合利用应符合下列规定:

1 应积极开展固体废物综合利用工作,热电联产机组灰渣应全部综合利用,并设立事故备用灰场,灰场容量宜按 6 个月最大排灰渣量考虑。

2 发电厂宜采用干灰场,贮灰场设计应符合现行国家标准《一般工业固体废物贮存、处置场污染控制标准》GB 18599 的有关规定。

3 固体废物运输路径应避免穿越居民集中区,并应对运输车辆采取相应的封闭措施。

22.3.4 噪声防治应符合下列规定:

1 发电厂噪声对周围环境的影响应符合现行国家标准《工业企业厂界环境噪声排放标准》GB 12348 和《声环境质量标准》GB 3096 的有关规定。

2 发电厂的噪声应首先从声源上进行控制,选择符合国家噪声控制标准的设备。对于声源上无法控制的生产噪声应采取有效的噪声控制措施,并考虑设置噪声防护距离。

3 应对发电厂的总平面布置、建筑物和绿化的隔声、消声、吸声等作用进行优化,以降低发电厂噪声影响。

4 对于环境敏感点噪声达标的非敏感区火力发电厂,在采取噪声控制措施后厂界噪声仍有超标现象时,在符合当地规划要求的前提下,可在厂界外设置噪声卫生防护距离。

22.4 环境管理和监测

22.4.1 总装机容量50MW及以上的发电厂应设环境监测站,并应配置必要的监测仪器;总装机容量小于50MW的发电厂可配置必要的监测仪器。

22.4.2 企业自备发电厂应由企业的环境监测站统一安排环境监测工作,不另设分站。

22.4.3 发电厂应装设烟气连续监测装置,连续监测各类大气污染物的排放状况,烟气连续监测装置设计应符合现行行业标准《固定污染源烟气排放连续监测技术规范》HJ/T 75的有关规定。

22.4.4 发电厂各类排污口应按有关要求规范化设计。

22.5 水 土 保 持

22.5.1 发电厂水土保持措施设计应符合现行国家标准《开发建设项目水土保持技术规范》GB 50433的有关规定,水土保持设施应与主体工程同时设计、同时施工、同时投产使用。

22.5.2 发电厂应编制水土保持监测设计和实施计划,并应符合现行行业标准《水土保持监测技术规程》SL 277和国家现行有关《开发建设项目水土保持监测设计与实施计划编制提纲》的要求。

23 劳动安全与职业卫生

23.1 一般规定

23.1.1 发电厂的设计应认真贯彻"安全第一、预防为主、防治结合"的方针，新建、改建、扩建工程的劳动安全和职业卫生设施必须与主体工程同时设计、同时施工、同时投入生产和使用。

23.1.2 劳动安全和职业卫生的工程设计必须执行国家有关法律、法规，并根据国家标准和行业标准落实在各项专业设计中。

23.1.3 发电厂应设置劳动安全基层监测站和安全卫生教育用室，并配备必要的仪器设备。

23.2 劳动安全

23.2.1 劳动安全设计应以安全预评价报告为依据，落实各项安全措施。

23.2.2 发电厂设计中应根据劳动安全的法律、法规、国家标准的有关规定对危险因素进行分析、对危险区域进行划分，并采取相应的防护措施。

23.2.3 发电厂的生产车间、作业场所、辅助建筑、附属建筑、生活建筑和易爆、易燃的危险场所以及地下建筑物应设计防火分区、防火隔断、防火间距、安全疏散和消防通道。

23.2.4 发电厂的安全疏散设施应有充足的照明和明显的疏散指示标志。有爆炸危险的设备(含有关电气设施、工艺系统)、厂房的工艺设计和土建设计必须按照不同类型的爆炸源和危险因素采取相应的防爆防护措施。

23.2.5 电气设备的布置应满足带电设备的安全防护距离要求，并应有必要的隔离防护措施和防止误操作措施；应设置防直击雷和安全接地等措施。

23.2.6 发电厂各车间转动机械的所有转动、传动部件,应设防护罩、安全距离、警告报警设施。工作场所的井、坑、孔、洞、平台或沟道等有坠落危险处,应设防护栏杆或盖板。烟囱、冷却塔等处的直爬梯必须设有护笼。

23.2.7 厂区道路设计应符合有关规程、规范的要求,合理组织车流,在危险地段设置警示标识,防止交通事故发生。

23.2.8 在厂区及作业场所对人员有危险、危害的地点、设备和设施之处,均应设置醒目的安全标志或安全色。安全标志的设置应符合现行国家标准《安全标志及其使用导则》GB 2894 的有关规定,安全色的设置应符合现行国家标准《安全色》GB 2893 的有关规定。

23.3 职业卫生

23.3.1 职业卫生设计应以职业病危害预评价报告为依据,落实各项防护措施。

23.3.2 发电厂设计应根据国家职业病防治的法律、法规和国家标准对危害因素进行分析,并采取相应的防护措施。

23.3.3 发电厂的设计应有防止粉尘飞扬的措施。卸、贮、运煤系统,锅炉系统、除灰系统等处应采取密闭运行、水力清扫、除尘等综合治理措施,工作场所空气中含尘浓度应符合国家现行有关工作场所有害因素职业接触限值的规定。

23.3.4 对贮存和产生有害气体或腐蚀性介质等场所及使用含有对身体有害物质的仪器和仪表设备,必须有相应的防毒及防化学伤害的安全防护设施,并应符合国家现行有关工业企业设计卫生标准及工作场所有害因素职业接触限值的有关规定。

23.3.5 在发电厂设计中,对生产过程和设备产生的噪声,应首先从声源上进行控制并采用隔声、消声、吸声、隔振等控制措施。噪声控制的设计应符合现行国家标准《工业企业噪声控制设计规范》

GBJ 87 及其他有关标准、规范的规定。

23.3.6 发电厂的防暑、防寒及防潮设计应符合现行国家标准《采暖通风与空气调节设计规范》GB 50019 及国家现行有关工业企业设计卫生标准的规定。电厂运煤系统的地下卸煤沟、运煤隧道、地下转运站应设有防潮措施。

23.3.7 对于有可能产生工频电磁场的场所应考虑防工频电磁影响的措施。对于有放射性源的生产工艺或场所(探伤仪,料位计,X、Y 射线)应考虑防电离辐射措施。

23.3.8 有职业病危害的场所应设置醒目的警示标识,应注明产生职业病危害种类、后果、预防及应急救治措施等内容。警示标识的设置应符合国家现行有关工作场所职业病危害警示标识的有关规定。

24 消　　防

24.0.1 发电厂的消防设计应符合现行国家标准《火力发电厂与变电站设计防火规范》GB 50229 的有关规定。

附录 A 水质全分析报告

工程名称			化验编号			
取水地点			取水部位			
取水时气温		℃	取水日期	年	月	日
取水时水温		℃	分析日期	年	月	日
水样种类						

透明度				嗅味			
项目		mg/L	mmol/L	项目		mg/L	mmol/L
阳离子	$K^+ + Na^+$			硬度	总硬度		
	Ca^{2+}				碳酸盐硬度		
	Mg^{2+}				非碳酸盐硬度		
	Fe^{2+}				负硬度		
	Fe^{3+}			酸碱度	全碱度		
	Al^{3+}				酚酞碱度		
	NH_4^+				甲基橙碱度		
	Ba^{2+}				酸度		
	Sr^{2+}				pH 值		
	Mn^{2+}			其他	氨氮		
	合计				游离 CO_2		
阴离子	Cl^-				COD_{Mn}		
	SO_4^{2-}				BOD_5		
	HCO_3^-				全固形物		
	CO_3^{2-}				溶解固形物		
	NO_3^-				悬浮物		
	NO_2^-				全硅(SiO_2)		
	活性硅(SiO_2)				非活性硅(SiO_2)		
	F^-				TOC		
	OH^-			中水、再生水增加测定项目	COD_{Cr}		
	合计				总磷		
离子分析误差					细菌总数		
溶解固体误差					游离氯		
pH 值分析误差							

注：水样采集参见《锅炉用水和冷却水分析方法：水样的采集方法》GB/T 6907 的规定。

化验单位： 负责人： 校核者： 化验者：

本规范用词说明

1 为便于在执行本规范条文时区别对待,对要求严格程度不同的用词说明如下:

　　1)表示很严格,非这样做不可的:
　　　　正面词采用"必须",反面词采用"严禁";
　　2)表示严格,在正常情况下均应这样做的:
　　　　正面词采用"应",反面词采用"不应"或"不得";
　　3)表示允许稍有选择,在条件许可时首先应这样做的:
　　　　正面词采用"宜",反面词采用"不宜";
　　4)表示有选择,在一定条件下可以这样做的,采用"可"。

2 条文中指明应按其他有关标准执行的写法为:"应符合……的规定"或"应按……执行"。

引用标准名录

《建筑地基基础设计规范》GB 50007
《室外给水设计规范》GB 50013
《采暖通风与空气调节设计规范》GB 50019
《建筑采光设计标准》GB/T 50033
《建筑照明设计标准》GB 50034
《动力机器基础设计规范》GB 50040
《工业循环冷却水处理设计规范》GB 50050
《烟囱设计规范》GB 50051
《建筑物防雷设计规范》GB 50057
《爆炸和火灾危险环境电力装置设计规范》GB 50058
《3~110kV高压配电装置设计规范》GB 50060
《电力装置的电测量仪表装置设计规范》GB/T 50063
《交流电气装置接地设计规范》GB 50065
《石油库设计规范》GB 50074
《工业循环水冷却设计规范》GB/T 50102
《民用建筑热工设计规范》GB 50176
《河港工程设计规范》GB 50192
《民用闭路监视电视系统工程技术规范》GB 50198
《电力工程电缆设计规范》GB 50217
《建筑内部装修设计防火规范》GB 50222
《建筑工程抗震设防分类标准》GB 50223
《火力发电厂与变电站设计防火规范》GB 50229
《电力设施抗震设计规范》GB 50260
《堤防工程设计规范》GB 50286

《综合布线工程设计规范》GB 50311
《屋面工程技术规范》GB 50345
《开发建设项目水土保持技术规范》GB 50433
《中小型同步电机励磁系统基本技术要求》GB 10585
《工业企业厂界环境噪声排放标准》GB 12348
《火电厂大气污染物排放标准》GB 13223
《锅炉大气污染物排放标准》GB 13271
《继电保护和安全自动装置技术规程》GB/T 14285
《高压架空线路和发电厂、变电所环境污区分级及外绝缘选择标准》GB/T 16434
《中国地震动参数区划图》GB 18306
《一般工业固体废物贮存、处置场污染控制标准》GB 18599
《取水定额》GB/T 18916
《城市污水再生利用 城市杂用水水质》GB/T 18920
《安全色》GB 2893
《安全标志及其使用导则》GB 2894
《声环境质量标准》GB 3096
《起重机设计规范》GB/T 3811
《地表水环境质量标准》GB 3838
《工业自动化仪表气源压力范围和质量》GB 4830
《生活饮用水卫生标准》GB 5749
《锅炉用水和冷却水分析方法：水样的采集方法》GB/T 6907
《隐极同步发电机技术要求》GB/T 7064
《同步电机励磁系统 定义》GB/T 7409.1
《同步电机励磁系统 电力系统研究用模型》GB/T 7409.2
《同步电机励磁系统 大、中型同步发电机励磁系统技术要求》GB/T 7409.3
《污水综合排放标准》GB 8978
《高压输变电设备的绝缘配合》GB 311.1

《绝缘配合 第2部分:高压输变电设备的绝缘配合使用导则》GB/T 311.2
《旋转电机 定额和性能》GB 755
《工业企业标准轨距铁路设计规范》GBJ 12
《厂矿道路设计规范》GBJ 22
《工业企业噪声控制设计规范》GBJ 87
《严寒和寒冷地区居住建筑节能设计标准》JGJ 26
《城市热力网设计规范》CJJ 34
《火力发电厂水汽化学监督导则》DL/T 561
《地区电网调度自动化设计技术规程》DL/T 5002
《电力系统调度自动化设计技术规程》DL/T 5003
《火力发电厂总图运输设计技术规程》DL/T 5032
《火力发电厂灰渣筑坝设计规范》DL/T 5045
《火力发电厂废水治理设计技术规程》DL/T 5046
《电能量计量系统设计技术规程》DL/T 5202
《火力发电厂煤和制粉系统防爆设计技术规程》DL/T 5203
《火力发电厂水汽分析方法 第2部分:水汽样品的采集》DL/T 502.2
《交流电气装置的过电压保护和绝缘配合》DL/T 620
《冷却塔塑料部件技术条件》DL/T 742
《海港总平面设计规范》JTJ 211
《水土保持监测技术规程》SL 277
《锅炉除氧器技术条件》JB/T 10325
《固定污染源烟气排放连续监测技术规范》HJ/T 75

中华人民共和国国家标准

小型火力发电厂设计规范

GB 50049-2011

条文说明

修订说明

《小型火力发电厂设计规范》GB 50049—2011,经住房和城乡建设部 2010 年 12 月 24 日以第 881 号公告批准发布。

本规范是在《小型火力发电厂设计规范》GB 50049—94 的基础上修订而成,上一版的主编单位是河南省电力勘测设计院,参加单位是湖南省电力勘测设计院、山东省电力设计院、浙江省电力设计院,主要起草人员是孙怀祖、何语平、鞠冰玉、万广南、李彦、周义文、马瑞存、侯锦如、潘政、吴树逊、胡晓蔚、康永安、刘振球、张惠林、任岐山、买福安、张义琪、王宇新、孙富伟、马连诚、陈晓。

为便于广大设计、施工、安装、科研、学校等单位的有关人员在使用本规范时能正确理解和执行条文规定,编制组按章、节、条顺序编制了本规范的条文说明,对条文规定的目的、依据以及执行中需注意的有关事项进行了说明(还着重对强制性条文的强制性理由作了解释)。但是,本条文说明不具备与规范正文同等的法律效力,仅供使用者作为理解和把握规范规定的参考。

目 次

1 总则 …………………………………………………… (175)
2 术语 …………………………………………………… (176)
3 基本规定 ……………………………………………… (177)
4 热(冷)电负荷 ………………………………………… (178)
　4.1 热(冷)负荷和热(冷)介质 ……………………… (178)
　4.2 电负荷 …………………………………………… (180)
5 厂址选择 ……………………………………………… (182)
6 总体规划 ……………………………………………… (184)
　6.1 一般规定 ………………………………………… (184)
　6.2 厂区内部规划 …………………………………… (185)
　6.3 厂区外部规划 …………………………………… (187)
7 主厂房布置 …………………………………………… (190)
　7.1 一般规定 ………………………………………… (190)
　7.2 主厂房布置 ……………………………………… (190)
　7.3 检修设施 ………………………………………… (192)
　7.4 综合设施 ………………………………………… (192)
8 运煤系统 ……………………………………………… (194)
　8.1 一般规定 ………………………………………… (194)
　8.2 卸煤设施及厂外运输 …………………………… (194)
　8.3 带式输送机系统 ………………………………… (195)
　8.4 贮煤场及其设备 ………………………………… (195)
　8.5 筛、碎煤设备 …………………………………… (196)
　8.6 石灰石贮存与制备 ……………………………… (197)

· 169 ·

8.7 控制方式	(197)
8.8 运煤辅助设施及附属建筑	(197)
9 锅炉设备及系统	(198)
9.1 锅炉设备	(198)
9.2 煤粉制备	(200)
9.3 烟风系统	(201)
9.4 点火及助燃油系统	(202)
9.5 锅炉辅助系统及其设备	(203)
9.6 启动锅炉	(204)
10 除灰渣系统	(205)
10.1 一般规定	(205)
10.2 水力除灰渣系统	(205)
10.3 机械除渣系统	(207)
10.4 干式除灰系统	(208)
10.5 灰渣外运系统	(211)
10.6 控制及检修设施	(212)
10.7 循环流化床锅炉除灰渣系统	(212)
11 脱硫系统	(214)
12 脱硝系统	(218)
13 汽轮机设备及系统	(221)
13.1 汽轮机设备	(221)
13.2 主蒸汽及供热蒸汽系统	(223)
13.3 给水系统及给水泵	(223)
13.4 除氧器及给水箱	(223)
13.5 凝结水系统及凝结水泵	(225)
13.6 低压加热器疏水泵	(225)
13.7 疏水扩容器、疏水箱、疏水泵与低位水箱、低位水泵	(226)
13.8 工业水系统	(226)
13.9 热网加热器及其系统	(227)

13.10　减温减压装置 ……………………………………… (227)
　　13.11　蒸汽热力网的凝结水回收设备 …………………… (227)
　　13.12　凝汽器及其辅助设施 ………………………………… (227)
14　水处理设备及系统 ……………………………………… (229)
　　14.1　水的预处理 …………………………………………… (229)
　　14.2　水的预除盐 …………………………………………… (230)
　　14.3　锅炉补给水处理 ……………………………………… (231)
　　14.4　热力系统的化学加药和水汽取样 …………………… (233)
　　14.5　冷却水处理 …………………………………………… (234)
　　14.6　热网补给水及生产回水处理 ………………………… (235)
　　14.7　药品贮存和溶液箱 …………………………………… (235)
　　14.8　箱、槽、管道、阀门设计及其防腐 ………………… (235)
　　14.9　化验室及仪器 ………………………………………… (236)
15　信息系统 ………………………………………………… (237)
　　15.1　一般规定 ……………………………………………… (237)
　　15.2　全厂信息系统的总体规划 …………………………… (237)
　　15.3　管理信息系统（MIS）………………………………… (237)
16　仪表与控制 ……………………………………………… (238)
　　16.1　一般规定 ……………………………………………… (238)
　　16.2　控制方式及自动化水平 ……………………………… (238)
　　16.3　控制室和电子设备间布置 …………………………… (239)
　　16.4　测量与仪表 …………………………………………… (240)
　　16.5　模拟量控制 …………………………………………… (241)
　　16.6　开关量控制及联锁 …………………………………… (241)
　　16.7　报警 …………………………………………………… (241)
　　16.8　保护 …………………………………………………… (242)
　　16.9　控制系统 ……………………………………………… (242)
　　16.10　控制电源 …………………………………………… (243)
　　16.11　电缆、仪表导管和就地设备布置 ………………… (243)

16.12 仪表与控制实验室 …………………………………………… (244)
17 电气设备及系统 ………………………………………………… (245)
　17.1 发电机与主变压器 …………………………………………… (245)
　17.2 电气主接线 …………………………………………………… (247)
　17.3 交流厂用电系统 ……………………………………………… (249)
　17.4 高压配电装置 ………………………………………………… (252)
　17.5 直流电源系统及交流不间断电源 …………………………… (252)
　17.6 电气监测与控制 ……………………………………………… (253)
　17.7 电气测量仪表 ………………………………………………… (255)
　17.8 元件继电保护和安全自动装置 ……………………………… (255)
　17.9 照明系统 ……………………………………………………… (255)
　17.10 电缆选择与敷设 …………………………………………… (256)
　17.11 过电压保护与接地 ………………………………………… (256)
　17.12 电气实验室 ………………………………………………… (256)
　17.13 爆炸火灾危险环境的电气装置 …………………………… (257)
　17.14 厂内通信 …………………………………………………… (257)
　17.15 系统保护 …………………………………………………… (257)
　17.16 系统通信 …………………………………………………… (257)
　17.17 系统远动 …………………………………………………… (258)
　17.18 电能量计量 ………………………………………………… (258)
18 水工设施及系统 ………………………………………………… (259)
　18.1 水源和水务管理 ……………………………………………… (259)
　18.2 供水系统 ……………………………………………………… (261)
　18.3 取水构筑物和水泵房 ………………………………………… (262)
　18.4 输配水管道及沟渠 …………………………………………… (264)
　18.5 冷却设施 ……………………………………………………… (265)
　18.6 外部除灰渣系统及贮灰场 …………………………………… (269)
　18.7 给水排水 ……………………………………………………… (270)
　18.8 水工建(构)筑物 ……………………………………………… (271)

19	辅助及附属设施	(273)
20	建筑与结构	(275)
20.1	一般规定	(275)
20.2	抗震设计	(276)
20.3	主厂房结构	(276)
20.4	地基与基础	(277)
20.5	采光和自然通风	(278)
20.6	建筑热工及噪声控制	(278)
20.7	防排水	(279)
20.8	室内外装修	(279)
20.9	门和窗	(279)
20.10	生活设施	(280)
20.11	烟囱	(280)
20.12	运煤构筑物	(280)
20.13	空冷凝汽器支承结构	(280)
20.14	活荷载	(281)
21	采暖通风与空气调节	(282)
21.1	一般规定	(282)
21.2	主厂房	(283)
21.3	电气建筑与电气设备	(284)
21.4	运煤建筑	(285)
21.5	化学建筑	(286)
21.6	其他辅助及附属建筑	(286)
21.7	厂区制冷、加热站及管网	(286)
22	环境保护和水土保持	(288)
22.1	一般规定	(288)
22.2	环境保护和水土保持设计要求	(289)
22.3	各类污染源治理原则	(289)
22.4	环境管理和监测	(291)

22.5　水土保持 …………………………………………（292）
23　劳动安全与职业卫生 ……………………………………（293）
　23.1　一般规定 …………………………………………（293）
　23.2　劳动安全 …………………………………………（295）
　23.3　职业卫生 …………………………………………（297）
24　消　　防 …………………………………………………（299）

1 总 则

1.0.1 系原规范第1.0.1条的修改。
　　本条是本规范修编的目的,也是最基本要求的综合性条文。
1.0.2 系原规范第1.0.2条的修改。
　　本规范的适用范围与现行国家标准《大中型火力发电厂设计规范》GB 50660 充分衔接,是由原规范的次高压参数提高到高温高压参数,单机容量由25MW提高到125MW以下的固体化石燃料的火力发电厂设计。
1.0.3 系原规范第1.0.12条的修改。

2 术　　语

本章为新增章节。

按照国家标准,对本规范中出现的技术术语进行解释。

本规范中出现的术语,除本章规定外,均符合现行国家标准《电工术语》GB/T 2900 和《电力工程基本术语标准》GB/T 50297 的规定。

3 基 本 规 定

本章为新增章节。

3.0.1 本条为新增条文。

3.0.2 本条为新增条文。

本条强调发电厂的设计应按照基本建设程序进行,避免违规重复建设带来的浪费。

3.0.3 系原规范第1.0.3条的修改。

本条增加了对有条件的地区宜优先建设热、电、冷三联供热电厂,利用热电厂供出的低压蒸汽或热水为热源,通过溴化锂吸收式制冷设备,向用户提供空调冷水。

3.0.4 系原规范第1.0.5条的修改。

本条对发电厂机组压力参数的选择进行了修订。

3.0.5 本条为新增条文。

3.0.6 系原规范第1.0.7条的修改。

3.0.7 本条为新增条文。

本条是对扩建和改建发电厂设计的总体要求。

3.0.8 系原规范第1.0.8条的修改。

本条是对企业自备发电厂设计的总体要求。

3.0.9 本条为新增条文。

本规范明确了主要工艺系统设计寿命按照30年设计,相应也明确了设计责任期限。

4 热(冷)电负荷

4.1 热(冷)负荷和热(冷)介质

4.1.1 系原规范第2.1.1条的修改。

本条强调了城镇地区热力规划是确定热电厂热负荷的主要基础资料之一。城镇地区热力规划是在普查和预测该地区近期、远期热负荷的种类和数量的基础上,充分考虑了工业用汽、民用采暖、生活热水和制冷等多种用热需求而制定的。作为热电厂的热负荷,应对规划热负荷进行调查和核实。

热负荷是建设热电联产项目的基础,热负荷的调查和核实是热电厂建设前期最重要的基础工作。热用户应提供可靠、切合实际的热负荷需求,建设单位应进行准确的热负荷统计,设计单位应负责对热负荷进行调查和核实。

热负荷的调查和核实一般由热力网设计单位负责,但热电厂的设计单位也应对热负荷进行复核。

4.1.2 系原规范第2.1.2条的修改。

热负荷既是确定热电厂建设规模和机组选型的重要依据,又是热电厂投产后机组能否稳定生产、取得预期经济效益的保证。

已投运的热电厂,凡是热用户实事求是地提供热负荷资料,设计热负荷切合实际,投产后热负荷就比较落实和稳定,热电厂确定的建设规模和机组选型就比较恰当,这样的热电厂都取得了满意的节能效果和经济效益。

4.1.3 系原规范第2.1.3条的修改。

一般蒸汽管网每1km压降为0.1MPa,温降约8℃～10℃。如果输送距离过远,蒸汽的压力和温度损失将增大,这就要求热电厂供热机组的背压或抽汽参数要提高,显然提高供汽参数运行是不经济的。一般在热电厂周围 5km～6km 以内的范围是蒸汽输送经济的距离,蒸汽管网输送距离不宜超过 8km。若 8km 外有持续稳定的热用户,应做专项的技术方案论证,并宜计算主干管出现凝结水的最小流量不小于最小热负荷的要求。

热水管网每 1km 温降一般不到 1℃。其输送距离主要取决于热网循环水泵的扬程、耗电量、管网的压力等级和造价等因素,一般不宜超过 10km。当热电厂供水温度较高时,中途装设中继泵站,可输送到较远的距离,但最远不宜超过 20km。

本条规定符合国家发展改革委、建设部 2007 年 1 月 17 日印发的《热电联产和煤矸石综合利用发电项目建设管理暂行规定》第 15 条的要求:"以热水为供热介质的热电联产项目覆盖的供热半径一般按 20km 考虑,在 10km 范围内不重复规划建设此类热电项目;以蒸汽为供热介质的一般按 8km 考虑,在 8km 范围内不重复规划建设此类热电项目。"

4.1.4 系原规范第 2.1.4 条。

4.1.5 系原规范第 2.1.5 条的修改。

发展制冷热负荷可以填补热电厂夏季热负荷的低谷,提高供热机组的年设备利用率,提高热电厂全年的经济效益;另一方面又减少了用户制冷用电,缓解了社会上夏季用电紧张的局面,具有节能、节电的双重效益。

1 蒸汽、热水型溴化锂吸收式冷水机组的选择应根据用户端具备的热源种类和参数合理确定。各类机型所需的热源参数见表 1。

表 1 各类机型所需的热源参数

机 型	所需的热源种类和参数
蒸汽双效机组	饱和蒸汽(压力:0.25MPa、0.4MPa、0.6MPa、0.8MPa)
热水双效机组	热水(温度高于 140℃)
蒸汽单效机组	工艺废汽(压力:0.1MPa)
热水单效机组	工艺废热水(温度 85℃～140℃)

用户端利用热电厂夏季供汽的裕量,安装蒸汽双效溴化锂吸

收式冷水机组,向用户提供空调冷水。住宅小区利用热电厂来的高温热水,在热力站安装热水双效溴化锂吸收式冷水机组,利用高温热水制冷,向居民提供空调冷水。

国内主要生产厂家提供的溴化锂吸收式冷水机组产品为双效机组,只要热源参数合适,应优先采用双效机组。

2 建筑物的制冷量按制冷量指标与建筑物的面积的乘积求得。制冷量指标可按现行行业标准《城镇供热管网设计规范》CJJ 34 查得。

生产车间的空调制冷量应根据生产车间的工艺设备产生热量的多少、建筑物的容积和结构特性等因素具体计算。

建筑物或生产车间的制冷量也是随着制冷期间室外气温的变化而变化的,因此与采暖相同,制冷量也应考虑气象因素求出制冷期内的最大和平均制冷量。

根据上述计算出的制冷量,可按现行行业标准《城镇供热管网设计规范》CJJ 34 的规定最终计算出溴化锂吸收式制冷热负荷。

4.1.6~4.1.8 系原规范第 2.1.6 条~第 2.1.8 条。

4.1.9 系原规范第 2.1.9 条的修改。

用于供冷的介质通常为冷水,系新增内容。

4.1.10 系原规范第 2.1.10 条的修改。

用于供冷的冷水供、回水温度系根据现行国家标准《采暖通风与空气调节设计规范》GB 50019 的规定而确定的。按照溴化锂吸收式冷水机组蒸发温度的要求,空调冷水供水温度不得低于 5℃,一般采用 7℃。

4.1.11 系原规范第 2.1.11 条。

4.2 电 负 荷

4.2.1 系原规范第 2.2.1 条的修改。

电力负荷的调查、研究及分析是发电厂设计中的一项重要内容。电力负荷资料的内容及深度应满足发电厂接入系统设计的要求。远期是指设计年5年～10年；近期是指工程投产年左右年份。

4.2.2 系原规范第2.2.2条。

应对发电厂直供负荷进行全面了解分析。

4.2.3 系原规范第2.2.3条。

通过电力平衡说明发电厂在所在地区和电力系统中的作用和地位，从而确定发电厂的供电范围和电厂接入系统电压等级。

5 厂址选择

5.0.1 系原规范第2.3.1条的修改。

本条增加了发电厂的厂址选址应符合土地利用规划,并增加了厂址综合论证和评价应在拟定的厂址初步方案的基础上的规定。

5.0.2 系原规范第2.3.4条的修改。

本条增加了直流供水的发电厂水源的布置要求。增加了取水口的布置要求。

5.0.3 系原规范第2.3.9条的修改。

本条增加了发电厂的厂址应充分考虑节约集约用地的要求。

5.0.4 系原规范第2.3.6条的修改。

本条增加了当厂址标高高于设计水位,但低于浪高时需采取的措施。

5.0.5 本条为新增条文。

本条增加了尽可能把主厂房及荷载较大的建(构)筑物布置在承载力较高的地段上的规定,采用天然基础可大大节省地基处理费用。

5.0.6 系原规范第2.3.8条的修改。

本条增加了抗震设防烈度可采用现行国家标准《中国地震动参数区划图》GB 18306划分的地震基本烈度。

5.0.7 系原规范第2.3.10条的修改。

本条对原条文进行了归纳,简化了原条文的内容,对贮灰场的选择及布置提出了原则性的要求。

5.0.8 系原规范第2.3.12条的修改。

本条增加了规划出线走廊时需考虑的因素,主要包括几大方面:接入系统规划、电厂出线方案、周围环境等,同时增加了当高压输电线牵涉周围重要设施而无法避开时,为了增强线路的可靠性和保证周围重要设施的安全,两者间应有足够的防护间距。

5.0.9 系原规范第2.3.13条。

5.0.10 系原规范第2.3.14条的修改。

5.0.11 系原规范第2.3.16条。

5.0.12 本条为新增条文。

为使项目顺利批复,应取得相关部门的支持性文件,以确保项目在实施过程中不发生颠覆性因素。

6 总体规划

6.1 一般规定

6.1.1 本条为新增条文。

在发电厂的建设中,做好电厂的总体规划有着极其重要的意义。原规范中有局部的描述,但没有突出该部分的内容。本次修编中,单独作为一个章节,进行详细阐述。

6.1.2 本条为新增条文。

"十分珍惜和合理利用每寸土地,切实保护耕地"是我国的一项长期的基本国策,提出了节约集约用地的新概念。同时,通过积极采用新技术、新工艺和设计优化,在满足工艺要求、生产运行安全、稳定的前提下,经充分论证,应进一步压缩电厂用地规模。

6.1.3 系原规范第2.3.3条的修改。

根据设计经验和运行情况,详细列出了发电厂总体规划应符合的要求。

6.1.4 本条为新增条文。

考虑到发电厂环保要求的提高,综合厂区用地指标及场地利用指标的分析,将厂区绿地率提高至不大于20%。考虑到脱硫电厂脱硫吸收剂贮存场主要堆放物为石灰石,其堆放场地亦属于粉尘飞扬区域,需要采取防尘措施或植树分隔。对于风沙较大地区的发电厂,在条件适宜情况下设厂外防护林带,对改造电厂小气候,改善水土环境和生产、生活条件有一定的作用。

6.1.5 系原规范第3.1.7条的修改。

发电厂的建筑物布置必须符合防火要求,文中不再详细列出主要生产和辅助生产及附属建(构)筑物在生产过程中的火灾危险性分类及其耐火等级表,而是直接按照现行国家标准《火力发电厂与变电站设计防火规范》GB 50229 的规定执行。

根据近年来的运行经验,新列了办公楼、食堂、招待所、值班宿舍、警卫传达室的耐火等级,以及脱硝用液氨和尿素贮存设施区的耐火等级。

6.2 厂区内部规划

6.2.1 系原规范第 3.1.1 条的修改。

结合厂区规划的特点,对内容进行有序的梳理,明确原则,确立中心,结合功能,因地制宜。

6.2.2 系原规范第 3.1.2 条的修改。

将原规范第 3.1.2.1 款~第 3.1.2.3 款并入,并新增液氨设施、供油、卸油泵房及其助燃油罐的布置要求,以及生产废水及生活污水经处理排放的要求。

采用直流供水时,为缩短循环水进、排水管沟,减少基建投资和节约能耗,主厂房宜布置在靠近水源处。增加了空冷机组的布置要求,排烟冷却塔和机械通风冷却塔的布置要求。

根据环保要求,电厂排水应体现清污分流原则,并考虑排水的复用。

6.2.3 系原规范第 3.1.5 条。

6.2.4 系原规范第 3.1.6 条的修改。

随着技术的革新,工艺流程的合理化,联合建筑的采用,检修公司的成立,厂区占地面积呈逐渐减小的趋势,布置越来越紧凑,用地越来越合理化,厂区面积越来越小。

6.2.5 系原规范第 3.2.4 条的修改。

根据近年来的实际运行经验,对各建筑物、构筑物之间的最小间距进行了调整。

6.2.6 系原规范第 3.2.6 条的修改。

本条对围墙高度及形式作了明确规定。

6.2.7 本条为新增条文。

本条对空冷设施提出了具体的布置原则和要求。

6.2.8 系原规范第3.3.4条和第3.3.5条的修改。

本条增加了发电厂铁路专用线的设计要求,应符合现行国家标准《工业企业标准轨距铁路设计规范》GBJ 12的规定,同时确定铁路专用线厂内配线的原则。

6.2.9 系原规范第3.3.6条的修改。

码头宜布置在循环水进水口的下游,码头与冷却水进、排水口之间的距离一般与河势、海流、设计船型等综合因素有关,可通过模型试验计算及论证确定。

6.2.10 本条为新增条文。

本条对发电厂厂内道路提出了设计要求。

6.2.11 系原规范第3.3.1条的修改。

本条对原规范的内容进行了有序的梳理、归纳,简明扼要地阐明了道路布置的原则。

6.2.12 系原规范第3.3.2.1款。

6.2.13 系原规范第3.3.2条的修改。

本条将原规范第3.3.2.2款和第3.3.2.4款合并,同时增加了建筑物引道的布置要求。

6.2.14 系原规范第3.4.1条的修改。

本条增加了厂区竖向布置应满足的要求及考虑的因素。

6.2.15 系原规范第3.4.6条的修改。

场地整平设计地面坡度不宜太大,否则会给生产工艺流程和运行管理带来诸多不便,如采用大面积的较缓的场地整平设计,将会造成土石方工程量过大。实践证明,在自然地形坡度为3‰及以上时,采取阶梯式布置是合适的。

6.2.16 系原规范第3.4.3条的修改。

本条提出了厂区排水系统的设计,应考虑的因素及符合的要求。

6.2.17 系原规范第3.4.7条的修改。

生产建筑物的底层标高宜高出室外地面设计标高0.15m～0.30m,可防止因建筑物沉降而引起地面水倒灌入室的可能。在地质条件良好的少雨干燥地区,可采用下限值。同时增加了建筑物零米标高确定时需考虑的因素。

6.2.18 本条为新增条文。

本条增加了厂内管线布置的一般要求。

6.2.19 系原规范第3.5.1条的修改。

本条增加了管线布置应符合流程合理的基本要求,增加了管道发生故障时不致发生次生灾害的规定,并着重强调了电缆沟及电缆隧道的设计要求,以避免发生重大的事故。

6.2.20 系原规范第3.5.5条的修改。

本条增加了高压架空线与道路、铁路或其他管线交叉布置时,应按规定保持必要的安全净空要求,以消除安全隐患。

6.2.21 系原规范第3.5.4条的修改。

本条把原条文具体化,详细阐述了管线的敷设要求,增强了条文的指导性和可操作性。

6.2.22 系原规范第3.5.5条和第3.5.6条的修改。

根据这些年来实际运行和操作的经验,对地下管线与建筑物、构筑物之间的最小水平净距,地下管线之间的最小水平净距,地下管线与铁路、道路交叉的最小垂直净距,架空管线与建筑物、构筑物之间的最小水平净距、架空管线跨越道路的最小垂直净距进行了修正,以便更符合实际情况。

6.3 厂区外部规划

本节为新增章节。

6.3.1 本条为新增条文。

发电厂的厂外部分规划,主要是指厂区外一些设施的合理布置。厂区外的设施主要包括交通运输设施、水工设施、灰渣输送和处理设施、输电线路、供热管线、生活区和施工区等。厂区外部规划是在选定厂址并落实了各个主要工艺系统的基础上进行的,因此应在已定的厂址条件和工艺系统的基础上,根据发电厂的规划容量全面研究、统筹规划,以达到优化设计的目标。

6.3.2 本条为新增条文。

本条从运输的三种方式铁路、水路和公路进行了阐述,提出了一些基本的要求。

近年来,随着电厂运量的增加,电厂接轨站改造工程量也有较大幅度的提高,部分铁路部门运量规划偏差较大,导致站场规模亦偏大,设备、股道利用率低,强调接轨站的改、扩建要充分利用既有设施能力。

考虑到部分厂外专用道路有装卸检修设备及管道要求,因此推荐采用4m。连接生活区的道路宽度推荐采用7m是考虑到该道路要满足职工通勤安全需要,当长度较短时,尚考虑了自行车行驶条件。专用运灰道路及运煤进厂道路的标准应视运量、行车组织及运卸设备出力大小、车型条件等情况综合考虑确定。

6.3.3 本条为新增条文。

本条增加了厂外供排水设施规划的要求。

6.3.4 本条为新增条文。

发电厂的防排洪(涝)规划设计关系到长期运行的安全和满发,在工程设计中,必须引起高度重视。为了减少建设费用和用地,应充分利用既有防洪(涝)设施,同时宜根据自然条件和安全要求,适当选择泄洪沟(渠)、防洪围堤或结合厂区围墙修筑挡洪墙。

6.3.5 系原规范第2.3.10条的修改。

在原条文的基础上,增加了灰管线的布置要求;增加了采用不同运输方式运灰渣时需综合考虑的因素。

6.3.6 本条为新增条文。

目前一些电厂基建完成后,送电走廊成了制约企业生存和发展的瓶颈。随着城市的发展和人们环境意识的提高,城镇和工业规划区一般不允许架空电气线路走廊的布设,因此,在电厂规划过程中,需充分考虑这一因素。

6.3.7 系原规范第2.3.13条的修改。

6.3.8 本条为新增条文。

近年来,各个安装和施工单位积累了丰富的施工安装经验,采用新工艺、新技术,加强管理,施工场地的实际使用面积比原先的指标有了大幅度的降低;在回填地区,为节约土方,施工场地的标高可比厂区适当降低,采用台阶式布置等。

7 主厂房布置

7.1 一般规定

7.1.1 系原规范第4.1.1条。

7.1.2 系原规范第4.1.2条的修改。

本条增加了对特殊设备(脱硫、脱硝)要求符合防火、防爆、防腐、防冻、防毒等有关规定,预防发生设备损坏事故,保护人身安全。

7.1.3~7.1.5 系原规范第4.1.3条~第4.1.5条。

7.2 主厂房布置

7.2.1、7.2.2 系原规范第4.2.1条和第4.2.2条。

7.2.3 系原规范第4.2.3条的修改。

本条增加了除氧器层标高确定的原则和除氧器露天布置的规定。

本条增加了煤仓间给煤机层标高确定的原则。

为实现减员增效的目标,原煤仓的贮煤量也可按运煤两班制运行考虑。是否按运煤两班制运行来确定煤仓的设计容量,需通过技术经济比较确定,即对减少一班运煤运行人员所节约的费用与加大煤仓设计容量要增加的投资进行比较。本条增加了褐煤、低热值煤种的原煤仓贮煤量选择参考值。

7.2.4 本条为新增条文。

本条为强制性条文。因为50MW级及以上机组一般均为两机一控布置,且集控室位于除氧间的运转层,为了确保运行人员和机组的安全,除了对除氧设备本身及系统上采取必要的安全措施外,集控室顶板(除氧层楼板)必须采用整体现浇,并有可靠的防水措施。

7.2.5 系原规范第4.2.4条的修改。

主厂房的柱距通常是根据锅炉、磨煤机等主要设备的尺寸和布置来决定的。

7.2.6 系原规范第4.2.5条的修改。

本条增加了干式除尘设备灰斗应有防结露措施及锅炉岛式露天布置时送风机、一次风机的布置要求。

7.2.7 系原规范第4.2.8条的修改。

1 原煤仓采用圆筒仓钢结构形式,强度条件较好,钢材耗量较小,造价低。但圆筒仓空间利用率较低,可能将造成整个主厂房高度增高,相应又增加了造价。因此,原煤仓形式应根据主厂房布置的具体情况综合比较确定。

2 由于循环流化床锅炉燃用煤的颗粒较细,原煤仓出口段壁面与水平面的夹角不小于70°,符合现行行业标准《火力发电厂煤和制粉系统防爆设计技术规范》DL/T 5203的规定。

6 本款对单位粉仓容积所对应的防爆门面积(泄压比)未列出具体计算数值。防爆门的设置要求及泄压比数值应符合现行行业标准《火力发电厂煤和制粉系统防爆设计技术规程》DL/T 5203的规定。

7.2.8 系原规范第4.2.6条的修改。

汽轮机油为可燃物品,为了确保汽机房的生产安全,油系统的防火措施应按现行国家标准《火力发电厂与变电站设计防火规范》GB 50229的有关规定执行。

布置主油箱、冷油器、油泵等设备时,要远离高温管道,油系统尽量减少法兰连接,防止漏油。当油管道需与蒸汽管道交叉时,油管道可布置在蒸汽管道下面。如果避免不了,油管道在蒸汽管道的上方,则蒸汽管道保温外表面应采用镀锌铁皮遮盖,以防漏油滴落于热管上着火。

7.2.9 系原规范第4.2.7条的修改。

热网加热器可以放在主厂房外披屋内。

7.3 检 修 设 施

7.3.1 系原规范第 4.3.1 条的修改。

对 50MW 级及以上机组,一般是两台机组设一个检修场,50MW 级以下机组,可四台及以上机组合用一个检修场。

7.3.2 系原规范第 4.3.2 条的修改。

本条扩大了 50MW 级及以上机组的汽机房起重机的设置原则。

7.3.3~7.3.5 系原规范第 4.3.3 条~第 4.3.5 条的修改。

7.3.6 本条为新增条文。

电梯数量是根据锅炉的容量来确定的。130t/h 循环流化床锅炉有 40 多米高,为方便运行人员的巡回检查和减轻检修工人工作强度,电厂要求增设客货两用电梯。本次修改增加了 130t/h~220t/h 级锅炉,每 3 台~4 台锅炉宜设 1 台电梯;410t/h 级锅炉每 2 台锅炉宜设 1 台电梯,具体根据布置情况,以经济合理为原则。

7.4 综 合 设 施

7.4.1 系原规范第 4.4.1 条。

7.4.2 系原规范第 4.4.2 条的修改。

原规范已规定了主厂房零米层和运转层的纵向通道及其宽度要求。据调查,电厂认为这是运行维护和检修所需要的。汽机房 B 列纵向通道宽度随机组容量增大可加大到 1.5m。锅炉房炉前底层通道,为满足检修需要,其宽度宜为 2.0m~4.5m,后者用于 410t/h 级及以上锅炉,是考虑机动车辆通行的需要。

7.4.3、7.4.4 系原规范第 4.4.3 条和第 4.4.4 条。

7.4.5 系原规范第 4.4.5 条的修改。

由于汽轮机油系统事故排油也布置在汽机房外,为节省投资,条文明确两个合并,容量按其排油量大的考虑。据了解,工程设计中大多数事故贮油池设计容量按主变压器内贮存的油量与汽轮机油系统贮存油量的大者考虑。

7.4.6 本条为新增条文。

本条文对集控室的布置提出了原则性要求。据调研,目前投运的热电厂,其热工控制系统均采用DCS(分散控制系统),一般皆为一期工程(三炉两机)设一个集控室。

7.4.7 本条为新增条文。

本条为强制性条文。集控室内是运行人员集中的地方,集控室和电子设备间是机组运行的控制中心,为了保障运行人员的生命安全和机组安全,集控室和电子设备间严禁穿行汽、水、油、煤粉等工艺管道。

8 运煤系统

8.1 一般规定

8.1.1 系原规范第 5.1.1 条的修改。

在保证安全可靠的前提下,输煤系统宜按分期建设考虑,以节省投资。若根据建厂条件经过技术经济综合比较后一次建成更合理,也可考虑一次建成。

8.1.2 本条为新增条文。

扩建发电厂的运煤系统设计时,应注意结合老厂现有生产系统和布置特点,统筹安排,尽量利用原有的附属生产建筑物,要充分考虑拆迁费用及施工过渡问题。

8.1.3 系原规范第 5.3.1.1 款的修改。

8.1.4 系原规范第 5.1.5 条的修改。

8.1.5 系原规范第 5.1.4 条的修改。

8.2 卸煤设施及厂外运输

8.2.1 系原规范第 5.2.2 条的修改。

8.2.2 本条为新增条文。

8.2.3 系原规范第 5.2.3 条的修改。

8.2.4 系原规范第 5.2.4 条的修改。

从综合经济效益和社会效益来考虑,地方运输公司承运优于自己营运,利用社会运力可降低发电厂的建设投资和减少运行维护费用。自备运煤汽车的选型及计算可参见现行行业标准《火力发电厂运煤设计技术规程 第 1 部分:运煤系统》DL/T 5187.1—2004 的附录 D。

8.2.5 本条为新增条文。

8.2.6 系原规范第5.2.5条的修改。

建在矿区的发电厂，一般多见的运输方式是：汽车运煤、带式输送机运煤、自卸式底开车运煤。

8.3 带式输送机系统

8.3.1 系原规范第5.3.2条的修改。
8.3.2 系原规范第5.3.3条。
8.3.3 系原规范第5.3.4条的修改。

第2款系原规范第5.3.4.2款的修改。

运煤栈桥及地下隧道的通道尺寸设计应考虑电缆布置和行走安全。因本规范修订后适用的机组容量范围扩大，增加了带宽800mm以上的运煤栈桥的净高要求。

8.4 贮煤场及其设备

8.4.1 系原规范第5.4.1条的修改。

1 系原规范第5.4.1.1款的修改。

据调查，经过国家铁路干线的发电厂，依建厂条件不同，贮煤场设计容量一般为全厂15d～30d的耗煤量，均能满足要求。对于铁路来煤的发电厂，因受气象条件等客观因素影响，来煤连续中断天数一般不超过7d，而春节期间来煤不稳定持续时间约为15d，平时则基本能按计划来煤。

2 系原规范第5.4.1.2款和第5.4.1.3款的修改。

3 系原规范第5.4.1.4款的修改。

水路来煤的发电厂，受气象条件影响较大（如大雾、寒潮、冰冻、台风等），影响来煤受阻的内河航运为3d～5d，海运为5d～10d。故贮煤场设计容量不应小于全厂15d的耗煤量。

8.4.2 系原规范第5.4.2条的修改。

多数中小型发电厂的干煤棚容量均在4d～8d以上，故将干煤棚容量的下线确定为4d，而南方中小型发电厂的干煤棚容量均在

5d 以上。尤其是南方小窑煤,颗粒细、粉末多,遇水时黏性大,煤中含有泥质,下雨后不易干燥,脱水时间长。因此,个别地区结合气象条件,可适当增大干煤棚贮量。

本条文补充了采用循环流化床锅炉的发电厂应设置干煤棚的要求。

8.4.3 系原规范第 5.4.3 条的修改。

8.4.4～8.4.6 系新增条文。

8.5 筛、碎煤设备

8.5.1 系原规范第 5.5.1 条。

8.5.2 系原规范第 5.5.2 条的修改。

8.5.3 系原规范第 5.5.3 条的修改。

一般情况下循环流化床炉的入炉煤粒度不宜大于 10mm,但也有特殊情况,如云南省的几个燃用褐煤的循环流化床电厂,入炉煤粒度大于 10mm。由于褐煤的热碎性比较强,粗颗粒进入炉内受热后爆裂成很细的颗粒,大部分小于设计粒径,引起旋风分离器效率降低,造成大量物料损失,床压随着运行时间的推移而逐渐降低。云南省的几个燃用褐煤的循环流化床电厂取消了输煤系统的二级笼式细碎机,只用一级环锤式破碎机,使进入炉内的燃煤粒径由 6mm 提高到 30mm 左右。

8.5.4 本条为新增条文。

循环流化床锅炉的燃烧过程是:当以特定燃料颗粒特性曲线来分布的燃料进入炉膛后,被流化风流化,较粗的颗粒在下部,细小颗粒悬浮到中部,微小颗粒被烟气带到上部,各粒径的燃料在炉膛的上、中、下部燃烧放热。微小及较细的颗粒在逐渐上升的过程中燃尽,未燃尽的颗粒随烟气进入分离器,分离器分离下来后又被送入炉膛继续燃烧,直到燃尽。由此可知,循环流化床锅炉的燃烧特性决定了避免入炉燃料的过细和过粗是保证锅炉稳定燃烧的两个必要条件。

已投产的循环流化床锅炉燃料的制备破碎系统较多采用的是两级破碎设备串联的形式。若原煤没有经过筛分就进行破碎,当来煤粒度较小时存在严重的过破碎现象,且粉尘量大大增加,使得运行环境十分恶劣。细碎机进口处大多没有设计筛子的原因是循环流化床锅炉应用初期,细煤筛的研究和制造也处在起步阶段,细筛子的设计原理不够合理,质量有待提高,当来煤黏性较高,水分较大时易堵塞筛孔。

在一级粗破碎机前设滚轴筛,这样既可以降低粗破碎机的出力,减少锤头磨损,也可以减少因系统来煤经粗破碎机初破后造成的部分过破碎问题。

在细碎机前设细煤筛,可以有效起到防止燃料的过破碎问题,极大改善细碎机的运行工况,降低细碎机堵煤的几率。鉴于目前国产细煤筛的运行情况还不尽如人意,若设有细煤筛,建议不降低细碎机的出力。

8.5.5 系原规范第5.5.4条的修改。

8.6 石灰石贮存与制备

本节为新增循环流化床锅炉的石灰石贮存与制备的条文。

8.7 控制方式

8.7.1、8.7.2 系新增条文。

增加了运煤系统的电气联锁、信号及控制方式的有关内容。

8.8 运煤辅助设施及附属建筑

8.8.1、8.8.2 系原规范第5.6.1条和第5.6.2条的修改。
8.8.3~8.8.6 系原规范第5.6.4条~第5.6.7条的修改。

# 9 锅炉设备及系统

9.1 锅 炉 设 备

9.1.1 系原规范第 6.1.1 条的修改。

循环流化床(CFB)锅炉对燃料适应性广,燃烧效率高、污染物排放少,属于洁净煤燃烧技术,可通过炉内添加石灰石等比较简单、投资较少的方式脱硫,同时 NO_x 的排放很低,因此,小型机组(锅炉容量为 220t/h 级及以下)宜优先选用。

我国电站循环流化床锅炉技术发展很快,截至目前,国产引进型和国产型 135MW~300MW 机组的 CFB 锅炉已有多台运行业绩,但实际应用水平参差不齐,主要反映在炉内水冷壁、受热面、耐火浇注料等磨损严重,返料阀、排渣系统等不畅,分离器效率不高、飞灰可燃物含量偏高,风机电机功率大、厂用电高等问题,造成锅炉强迫停机率不能达到设计要求。

煤粉炉技术成熟,运行可靠性高。因此,对于 410t/h 级及以上的锅炉,特别是热负荷性质要求电厂可靠性较高时,宜优先选用煤粉炉。

为了减少锅炉的备品备件和方便运行、维修、管理,电厂内同容量的锅炉机组宜采用同型设备。

在非严寒地区(累年最冷月平均温度高于-10℃),锅炉宜采用露天或半露天布置。在严寒或风沙大的地区,应根据设备特点及工程具体情况采用屋内式或紧身罩封闭布置。

露天布置是指锅炉本体仅设置炉顶罩壳及汽包小室,或锅炉本体不设置炉顶罩壳而设置炉顶盖及汽包小室的布置。炉顶盖是指锅炉顶上设置的雨棚(或雨披),它只是顶部加盖,而不是四周封闭的炉顶小室。对于锅炉运转层以下部分不论封闭与否,只要其余部分符合上述条件的,均可认为是露天布置。

半露天布置是指锅炉炉顶上部及四周设有轻型围护结构的炉顶小室(包括汽包小室)。对燃烧器及其以下部分采用全封闭或炉前采用封闭(不论是高封还是低封)而锅炉尾部敞开的锅炉房,均可认为是半露天布置。

南方雨水较多的地区,即年平均降雨量在 1200mm 以上地区,即使在炉顶设置了炉顶盖,但还不能完全解决雨水浸入炉顶部分的受热面时,可采用半露天布置。另外,对累积年最冷月平均气温接近 -10℃地区,在冬季炉顶检修或运行条件不太恶劣时,亦可采用半露天布置。

锅炉露天或半露天布置不仅能节约投资,还可缩短建设周期,改善锅炉卫生条件,随着锅炉制造水平的提高,防护措施的逐步完善,露天和半露天锅炉得到了广泛的应用。

9.1.2 系原规范第 6.1.2 条的修改。

热电厂要结合热力规划、近期和远期热负荷以及季节性变化或昼夜峰谷差,合理配置锅炉的容量和台数。不同容量锅炉机组的搭配可以提高锅炉机组运行的灵活性和经济性。

热电厂在选择锅炉容量时,应核算在最小热负荷工况下,汽轮机进汽量不得低于锅炉不投油最低稳燃负荷。以免锅炉为了满足汽轮机需要,长期低负荷投油助燃,影响经济性。

9.1.3 系原规范第 6.1.3 条的修改。

为了避免锅炉故障停运无法保障供热,故热电厂一期工程在无其他热源的情况下,不宜仅设置单台锅炉。

9.1.4 系原规范第 6.1.4 条。

9.1.5 系原规范第 6.1.5 条的修改。

在主蒸汽管道采用母管制系统的发电厂中,当装机台数较多时,可能会出现锅炉总的额定蒸发量多于汽轮机最大工况所需蒸汽量很多,此时,扩建机组锅炉容量的选择应连同原有锅炉容量统一计算。

9.1.6 系原规范第6.1.6条。

9.2 煤粉制备

9.2.1 系原规范第6.2.1条的修改。

磨煤机选型主要依据现行行业标准《电站磨煤机及制粉系统选型导则》DL/T 466的规定。

双进双出钢球磨煤机具有煤种适应范围广,煤粉较细,煤粉均匀性好,无石子煤排放、负荷调节能力强等优点,同时可以用于正压运行,具有直吹式制粉系统的特点,运行较灵活,可以双进双出、单进单出、单进双出等状态运行。

目前,引进技术国产双进双出钢球磨煤机产品已相当成熟,拥有大量制造和运行业绩,国产化程度也越来越高,仅个别部件或材料需要进口,设备价格也比初期下降较多,因此,适宜采用钢球磨煤机的煤种,当技术经济比较合理时,也可选用双进双出钢球磨煤机。

9.2.2 系原规范第6.2.2条的修改。

制粉系统选型主要依据现行行业标准《电站磨煤机及制粉系统选型导则》DL/T 466的规定。

9.2.3 系原规范第6.2.3条的修改。

本条增加了220t/h～410t/h级锅炉磨煤机台数和出力的选择要求。

9.2.4 系原规范第6.2.4条的修改。

本条增加了双进双出钢球磨煤机的给煤机选择要求。

9.2.5 本条为新增条文。

本条提出了循环流化床锅炉的给煤机选择要求。

9.2.6 系原规范第6.2.5条。

9.2.7 系原规范第6.2.6条的修改。

本条对原条文进行了补充,第1款中"具备布置条件"是指输粉机能够水平布置且输送距离不宜过长。

9.2.8 系原规范第6.2.7条的修改。

由于目前基本上不推荐采用负压直吹式系统,故取消了原规范中"对直吹式制粉系统的排粉机,应采用耐磨风机"的规定。

9.2.9 系原规范第6.2.8条的修改。

本条增加了对双进双出钢球磨煤机正压直吹式制粉系统也应设置密封风机的要求。另外,对密封风机风量和压头裕量仅规定了下限。

9.2.10 系原规范第6.2.9条的修改。

9.2.11 本条为新增条文。

主要针对410t/h级煤粉锅炉,如采用三分仓空气预热器时,提出了一次风机的选择要求。

9.3 烟风系统

9.3.1、9.3.2 系原规范第6.3.1条和第6.3.2条的修改。

本条增加了220t/h～410t/h级锅炉送风机、引风机的选择要求。

其中"调速风机"主要是指采用高/低压变频、磁联耦合器、液力耦合器等节能调速方式的离心风机。

我国离心式风机的制造水平和运行可靠性已达到了较高的水平,因此推荐中等容量锅炉设置送风机、引风机的台数可选每炉各2台,也可选每炉各1台。

9.3.3 本条为新增条文。

本条提出了循环流化床锅炉一、二次风机的选择要求,其他说明同第9.3.1条和第9.3.2条。

9.3.4 本条为新增条文。

本条提出了循环流化床锅炉高压流化风机的选择要求。

9.3.5 本条为新增条文。

本条提出了安全监控保护系统冷却风机的选择要求。

9.3.6 系原规范第6.3.3条的修改。

本条提出了除尘设备的选择要求。

由于电袋除尘器、袋式除尘器除尘效率很高,烟尘排放浓度能够保证在 $50mg/m^3$(标准状态)以下,目前在国内电厂应用已比较广泛,随着安装、运行和维护经验的逐渐积累,滤料的运行寿命逐步提高,滤料成本逐步下降,小型火电机组宜优先选用电袋除尘器和袋式除尘器。

9.3.7 系原规范第 6.3.4 条。

9.3.8 本条为新增条文。

本条提出了烟囱的选择要求。

9.4 点火及助燃油系统

9.4.1 系原规范第 6.4.1 条的修改。

目前等离子点火等各类节油点火方式在大中型煤粉锅炉上应用已十分广泛,经济效益显著,在技术经济比较合理时,应针对燃用煤种情况,优先选用节油点火方式。

9.4.2 系原规范第 6.4.2 条的修改。

根据建设部 2002 年 10 月 14 日批准的中国建筑标准设计研究所出版的《拱顶油罐图集》02R112 中所列,油罐公称容积可按 $40m^3 \sim 60m^3$、$100m^3$、$200m^3$、$300m^3$、$400m^3$、$500m^3$ 的系列等级选用。

采用节油点火方式的煤粉炉,点火用油量相比常规点火方式的锅炉能够节约 70%~90%以上,其主要燃油量消耗为低负荷助燃用油,月平均油耗相比常规点火方式要少,因此油罐容量也可同比减小 1 个~2 个等级。

循环流化床锅炉基本上不需要低负荷投油助燃,主要是在启动点火加热床料时需要用油,相比常规煤粉炉其月平均油耗要少,因此油罐容量可同比减小 1 个~2 个等级。

9.4.3 系原规范第 6.4.3 条的修改。

本条对原条文进行了补充修改,增加了铁路和水路运输的要求。

9.4.4 本条为新增条文。

本条对卸油方式应根据油质特性、输送方式和油罐情况等经技术经济比较后确定,并提出了卸油泵的选择要求。

9.4.5 系原规范第6.4.4条的修改。

本条对原条文进行了补充修改,提出了供油泵的选择要求。

9.4.6 系原规范第6.4.5条的修改。

本条对原条文进行了补充修改,提出了燃油泵房的设计要求。

9.4.7 系原规范第6.4.6条的修改。

本条对原条文进行了补充修改,提出了燃油泵房至锅炉房供、回油管道的设计要求。

9.4.8 本条为新增条文。

9.4.9 本条为新增条文。

本条提出了油系统设计还应符合现行国家标准《石油库设计规范》GB 50074、《爆炸和火灾危险环境电力装置设计规范》GB 50058和《火力发电厂与变电站设计防火规范》GB 50229的有关规定。

9.4.10 系原规范第6.4.7条的修改。

本条符合现行国家标准《石油库设计规范》GB 50074和《火力发电厂与变电站设计防火规范》GB 50229的规定。

9.5 锅炉辅助系统及其设备

9.5.1 系原规范第6.5.1条的修改。

本条增加了高压锅炉排污系统的选择要求。

9.5.2 本条为新增条文。

本条提出了锅炉向空排汽噪声防治的具体要求。

9.5.3 本条为新增条文。

本条提出了为防止空气预热器低温腐蚀和堵灰,按实际需要情况设置空气预热器入口空气加热系统的要求。

9.6 启 动 锅 炉

9.6.1~9.6.3 系新增条文。

对电厂设置的启动锅炉及其系统提出了设计和选择的要求。130t/h级及以下容量锅炉一般不设启动锅炉。

10 除灰渣系统

10.1 一般规定

10.1.1 系原规范第7.1.1条的修改。

本条补充了锅炉形式、总平面布置、交通运输等条件,此外还强调了环保及节能、节约资源的要求。

10.1.2 系原规范第7.1.2条的修改。

粉煤灰(渣)是可以利用的资源。对于有粉煤灰综合利用条件的发电厂,按照干湿分排、粗细分排和灰渣分排的原则,设计粉煤灰的输送贮运系统,为灰渣的综合利用提供条件。

10.1.3 本条为新增条文。

为确保发电厂的安全运行,除按灰渣综合利用要求设置灰渣输送系统外,尚应有能力将全部或部分灰渣输送至贮灰场的设施,其裕度视具体情况而定。

对于确保灰渣能够全部综合利用,即便出现短时期停顿也有足够的库容安全贮存灰渣的电厂,可以不设贮灰场。

10.2 水力除灰渣系统

10.2.1 本条为新增条文。

各种水力除灰系统在我国火电厂中应用广泛、成熟、经验丰富。因此,规范不再对水力除灰系统的具体方式作出规定。

10.2.2 本条为新增条文。

从锅炉除渣装置排出的渣过去一般多采用灰渣沟的方式。采用水力喷射泵、压力管是另一种输送方式,其主要优点是水量和出力容易控制,布置比较灵活,地下设施简单,水力喷射泵及其管道宜采用耐磨材料。

10.2.3 系原规范第7.2.1条的修改。

采用灰渣泵直接串联的布置方式,同采用中继灰渣泵房比较,对设备的安装、运行、维护检修、管理都比较方便。

台州发电厂的灰渣泵为4级串联运行,石横发电厂的灰渣泵为3级串联运行,预留第4级串联的位置,灰渣泵3级串联的电厂较多。运行实践表明,采用灰渣泵串联运行的发电厂运行情况良好。

10.2.4 系原规范第7.2.2条的修改。

当采用容积式灰浆泵(如柱塞泵、油隔离泵、水隔离泵)高浓度水力除灰系统时,应优先考虑灰渣分除系统。

当需要采用上述容积式灰浆泵输送灰和磨细渣的混除系统时,磨渣前应先将渣浆筛分和脱水,因为锅炉水封式除渣斗排出的渣一般有30%以上的细粒渣,可不经粉磨直接通过上述容积式灰浆泵输送,否则不但影响磨渣机出力,而且灰渣混放在渣斗内,容易引起渣斗的堵塞。

采用容积式灰浆泵水力输送时,根据需要,也可采用两泵一管的并联系统,但在设计中应考虑当其中1台泵因故停运时管内流速降低的影响,以及切换启动备用泵或高压清水冲管的措施。

10.2.5 本条为新增条文。

浓缩机高位布置的目的是为了使泵房能布置在地面上,以改善运行、检修条件,并保证泵房不被灰浆淹没。

10.2.6 本条为新增条文。

10.2.7 系原规范第7.2.3条的修改。

10.2.8 系原规范第7.2.4条的修改。

对于离心泵,目前国内采用灰渣泵混除或单独除渣,有相当比例的电厂只设1台(组)备用泵或即使设2台(组)备用泵,实际只有一台(组)起到备用的作用,另一台(组)长期不用或基本不用,主要原因是国内灰渣泵的制造质量及其耐磨材质已有较大改善,易损件及整泵的连续运行时间有了较大提高。因此,离心泵一台

（组）运行、一台（组）备用是可行的。对2台～3台（组）离心泵运行时，备用泵台数也减少为2台（组）。此外，离心式灰渣泵（组）易损件及整泵连续运行时间与是单级泵还是多级泵关系不大，所以单级泵和多级泵采用同一备用标准。

对于容积泵，目前国内大型电厂采用的容积泵多数为柱塞泵，油隔离泵和水隔离泵采用的较少。据调查，柱塞泵的主要易损件柱塞、阀组件的使用寿命已有较大的提高，因此，本条规定容积泵（柱塞泵）备用泵组的设置标准与离心泵相同。为确保电厂安全运行，可预留一台泵的基础，必要时可安装此泵。

10.2.9 系原规范第7.2.5条的修改。

由于沉灰池效果不佳，占地面积大，近年来，电厂的除灰系统已不采用。

10.2.10 系原规范第7.2.6条的修改。

据调查，多数发电厂敷设了2条或2条以上的压力灰渣（浆）管，其中1条为备用管。有的灰渣（浆）管由于结垢，必须定期清理，每次需要15d～30d或更长的时间。有的灰渣（浆）管不结垢，但磨损严重，必须定期翻转一定角度。故应敷设1条备用管。

当灰渣（浆）管结垢严重时，应避免采用水力除灰。

10.2.11 本条为新增条文。

本条提出了灰渣管的选择要求。

10.3 机械除渣系统

10.3.1 本条为新增条文。

机械除渣系统方式主要有：水浸式刮板捞渣机配渣仓系统、干式风冷排渣机配渣仓系统及埋刮板输送机配渣仓系统。

1 刮板捞渣机配渣仓系统。该系统要比传统的用捞渣机将渣捞出加水后水力输送，然后再脱水的系统简单、合理、省水，目前国内较多采用这种方式。

2 干式风冷排渣机配渣仓系统。该系统是一种引进型、新型除渣方式,主要采用干式风冷输渣机,炉底渣在干式输渣机输送带上被空气冷却,冷却后的底渣采用机械或气力输送方式送至渣仓贮存。

  3 埋刮板输送机配渣仓系统。该系统常见于循环流化床锅炉,进入埋刮板输送机的锅炉底渣须经底渣冷却器冷却至200℃以下,采用机械或气力输送方式将埋刮板输送机捞出的渣转运至渣仓。该系统出渣为干渣。

  由于锅炉底渣颗粒较飞灰大,采用气力输送方式对管路的磨损严重,因此,底渣输送系统宜优先采用机械输送系统。

10.3.2 本条为新增条文。

  刮板捞渣机的总长度应适度,一般不宜超过65m,斜升段水平倾角也不宜太大,以不大于35°为宜,若捞渣机太长或倾角过大,无论从设备运行可靠性,还是整体刚度、安装检修、除大焦能力等都会带来更多的问题。

10.3.3 本条为新增条文。

  本条提出了干式风冷输渣机的选择要求。

10.3.4 本条为新增条文。

  本条提出了埋刮板输送机的选择和布置设计的要求。

  电厂用埋刮板输送机的主要参数选择:低链速,宜采用速度0.08m/s以下;宽机槽;主要承磨件,如链条、头轮、尾轮、导轨应采用耐磨钢。

10.3.5 本条为新增条文。

  小型火电厂尤其是秸秆及垃圾电厂的渣量比较小,贮存1d~2d的灰渣量,则渣仓直径及高度选取较小,对灰渣外运不宜。另外,许多供热电厂多为小型机组,且多在北方寒冷地区,贮存时间长有利于灰渣外运。

10.4 干式除灰系统

10.4.1 本条为新增条文。

我国干式除灰系统的类型较多，主要有负压气力除灰系统、低正压气力除灰系统、正压气力除灰系统、空气斜槽除灰系统、螺旋输送机等方式，国外还有埋刮板输送机、气力提升装置等方式，也有由上述方式组合的联合系统。

1 负压气力除灰系统。负压源主要有负压风机、水环式真空泵和喷射式抽气器等。主要用于除尘器灰斗干灰至灰库集中。负压系统的特点是系统较简单，自动化程度高，以及在运行中对周围环境不会造成污染。但输送距离一般不超过200m，设计出力一般在40t/h以下。

2 正压气力除灰系统。这种系统目前在我国应用最多，技术也较成熟，输送距离和出力都比负压气力除灰系统大。

3 其他系统。空气斜槽除灰系统在国外得到了广泛的应用，国内也有部分发电厂采用了该系统，如巴公、高井、永安、大武口、台州等发电厂。空气斜槽具有动力消耗少、无转动设备、噪声小、系统布置简单、运行比较可靠等优点，缺点是在布置上必须保证有大于6%的坡度。

螺旋输送机，其功能与空气斜槽大体相同，但不需向下倾斜安装。

国外也有采用埋刮板输送机集中干灰的方式。

10.4.2 本条为新增条文。

在设计煤种和校核煤种灰分差别不大的情况下，一般出力裕度取设计煤种灰量的50%即可满足要求。但我国电厂实际燃煤复杂，设计煤种和校核煤种灰分差别较大，有时相差1倍，此时按设计煤种灰分计算的系统出力（包括裕度）不能满足燃用校核煤种时的输送要求，因此还需按满足燃用校核煤种时的输送要求进行校核，并取20%的裕度，以上二者之间取大值。

本条中静电除尘器第一电场集灰斗的容积不宜小于8h集灰量是针对中等灰分的煤质而言，对某些煤种灰分很大，难以做到8h集灰量的可适当减少，但不应少于6h。

10.4.3 系原规范第7.3.1条的修改。

国产空压机的产品质量越来越好,形式也越来越多,有活塞式(有油,无油)、螺杆式(有油,无油)、滑片式、离心式等。一般运行2台只设1台备用,当采用螺杆式空压机,运行2台以上,也可只设1台备用。如选用活塞式空压机时可增加1台备用空压机。

10.4.4 系原规范第7.3.2条的修改。

10.4.5 系原规范第7.3.3条的修改。

现在国内使用的空气斜槽有宽型和窄型两种。宽型斜槽的灰层薄,窄型斜槽的灰层厚。灰层厚度一般为0.10m～0.15m。其布置坡度推荐不低于6%,在布置条件允许的情况下应再加大斜度。因为斜度每提高1%,出力可增加20%左右,这样不仅便于安全运行,也有利于经济运行。

空气斜槽要考虑防潮措施,如提高输送空气的温度以及空气斜槽布置在室内等。当斜槽露天布置,气温较低时应考虑保温措施,保温的外层宜采用铝皮保护层。

根据各电厂运行经验,空气斜槽的输送气源当采用热风时,就能够使斜槽内的灰流动性更好,以保证系统正常运行。为了防止空气结露与灰粘结而引起在输送中堵灰,风温不应低于40℃,在南方地区还应再提高一些。

10.4.6 系原规范第7.3.4条的修改。

很多热电厂多为小型机组,且多在北方寒冷地区,储存时间长有利于灰渣外运。

根据运行经验,当灰库为中转或缓冲灰库时,其有效容积不宜小于除灰系统8h的排灰量。

10.4.7 系原规范第7.3.5条的修改。

库底气化槽的最小总面积不宜小于库底截面积的15%。现在气化槽型号多,宽度有150mm、175mm、200mm等,布置起来比较容易,并且气化槽所占面积越大越有利于库底气化。

灰库气化空气量的选择可按库底斜槽每平方米气化空气量

0.62m³（标准状态）计算。气化空气设置专用加热器,对灰库排灰能起到良好的效果,规范中只提出了加热要求,而未对加热的温度作出具体规定,但加热后的最低温度应保证灰库内不发生结露现象。

10.4.8 系原规范第7.3.6条的修改。

灰库底部装车用的加水调湿装置,加水量不应超过灰质量的30%。如加水量过大,湿灰就会粘结车厢,不易卸空。运行实践表明:加水量过低,在运输过程中将会出现干灰飞扬现象,故设计加水量应为15%～30%。

10.5 灰渣外运系统

10.5.1 系原规范第7.4.3条的修改。

采用汽车输送方式,根据其运作形式的不同,又可分为电厂自购车辆和利用社会运力两种方式。采用自购汽车方式,初投资较大,管理复杂;利用社会运力运灰,则可省去购买汽车的初期投资,管理简单,当干灰综合利用量逐步增大后,不会出现运输设备闲置的问题。因此,条件允许时,应优先考虑采用利用社会运力方式。

10.5.2 系原规范第7.4.4条的修改。

国内已有部分电厂采用皮带作为主系统厂外运送灰渣,如衡水、鄂州、三河、安顺、金竹山等电厂,其中,金竹山电厂采用的是管状皮带输送机,其他电厂采用的是普通皮带输送机。以上电厂均采用单路皮带,只考虑容量备用,可以满足要求。因此,本条仅作了运灰皮带机设计的原则性规定。

由于皮带机在布置上较管道复杂且占地大,不宜分期设置。按照运煤皮带机的设置原则,除灰（渣）皮带机的出力按规划容量考虑。

皮带机的出力按规划容量计算并留有100%余量是考虑按两班制运行,每班运行5h～6h。当皮带机故障检修时,由于灰库和渣仓的容积较大,可作为缓冲备用。如果经技术经济论证认为改按一班制运行更为合理时,方可适当放大这一裕度。

除灰(渣)皮带机应设必要的防护罩,起到防止风吹雨淋的作用。管状皮带输送机因皮带被卷成管状,能起到防止风吹雨淋的作用,不过造价相对较高。

10.5.3 本条为新增条文。

沿江、河的发电厂,当贮灰场靠近江河且离发电厂较远或从厂区至贮灰场沿途敷设输灰管道受穿越地段限制或敷设有困难时,经过技术经济比较,可采用船舶运输灰渣的方式。采用的船型、吨位以及在厂区内的装船方式、灰场卸船方式,要根据发电厂的容量、当地的航运情况、航道情况和灰场贮灰方式,经技术经济比较确定。

10.6 控制及检修设施

10.6.1 系原规范第 7.5.1 条的修改。

国内新建电厂干除灰系统控制基本都采用程序控制或集中控制且运行可靠性很高,不需再设就地控制装置。为方便调试及事故处理,可保留必要的就地按钮。

对水力除灰渣系统(包括石子煤系统),应根据系统和工程条件采用就地或集中控制。

10.6.2 系原规范第 7.5.2 条的修改。

10.7 循环流化床锅炉除灰渣系统

本节为新增章节。

10.7.1 本条为新增条文。

由于循环流化床锅炉的灰渣中钙化物含量较高,不宜采用水力除灰系统。

国内循环流化床锅炉电厂的底渣输送系统,其系统出力一般为底渣量的 230%~300%,电厂运行人员反映出力偏小。考虑到我国电厂燃煤煤种多变以及入炉燃煤粒度的变化,底渣量变化较大,输送机械经常在低速下工作,可大大减少对部件的磨损,故推荐系统出力不宜小于底渣量的250%。

11 脱硫系统

本章为新增章节。

11.0.1 目前常用的烟气脱硫工艺见表2。

表2 常用的烟气脱硫工艺

分类	处理方法	基本原理及适应性	处理效果及优缺点
干法、半干法	循环流化床锅炉炉内脱硫法	向循环流化床燃烧锅炉燃烧室喷入石灰石粉,在炉内煅烧成CaO,然后同SO_2反应,生成$CaSO_3$与$CaSO_4$ 适用于各种容量的锅炉,在国内已有不少业绩	脱硫效率约为80%~90%,系统简单,投资省;脱硫效率中等,钙硫比高(Ca/S=2.0~3.0)
干法、半干法	烟气循环流化床或NID(Novel Integrated Desulphurization)	利用CaO消化生成吸收剂$Ca(OH)_2$,在一个特制的回流循环流化床装置及反应器中与烟尘混合,并多次循环,装置的底部喷入雾状水调质,使石灰碱性达到最佳状态,与SO_2反应生成$CaSO_3$与$CaSO_4$ 适用于各种容量的锅炉,目前国内已有不少业绩	脱硫效率80%~90%以上,系统较简单,钙硫比低(Ca/S=1.1~1.3),投资较高,占地面积大,运行费用较高,对运行要求严格
干法、半干法	电子束照射法	吸收剂为液氨,利用电子束照射作用,与烟气中的SO_2反应生成$(NH_4)_2SO_4$,在除尘器中被收集,副产品可作为肥料。可同时脱硝 适用于中小型锅炉,目前国内已有业绩	脱硫效率可达90%,投资高,占地面积大,运行费用较高,对运行要求严格

续表2

分类	处理方法	基本原理及适应性	处理效果及优缺点
干法、半干法	喷雾干燥法	利用CaO消化并加水制成消石灰[$Ca(OH)_2$]乳,在含SO_2的烟气进入吸收塔时,向吸收塔内喷入消石灰乳,在塔中SO_2与$Ca(OH)_2$发生反应,生成的$CaSO_3$与$CaSO_4$颗粒物,利用烟气的热量干燥后,降落于塔底 适用于各种容量的锅炉,在国内已有业绩	脱硫效率70%~85%,投资高,占地面积大,喷雾枪、石灰乳泵磨损严重,吸收塔内集灰结垢,钙硫比较低($Ca/S=1.4$~1.5)
	炉内喷钙尾部增湿	向锅炉燃烧室喷入石灰石粉,使$CaCO_3$煅烧成CaO,炉内一部分SO_2与CaO反应生成$CaSO_3$与$CaSO_4$,然后与烟气一起进入炉外活化器,其中烟尘和吸收剂再循环,同时向活化器中注入大量水和空气,使活化器内烟气温度降至接近露点温度,SO_2与吸收剂进一步反应脱硫,低温烟气排出活化器后,或采用热交换或混入部分热空气,使烟温提高至70℃左右,再进入除尘器 适用于大中容量锅炉,国内已有业绩	脱硫效率70%~80%,投资较高,占地面积大,炉内加入石灰石,降低锅炉热效率,运行管理要求高,钙硫比高($Ca/S=2.5$~3)
	荷电干式吸收剂喷射脱硫	通过特殊的喷枪,使吸收剂$Ca(OH)_2$干粉荷电后,喷入锅炉后部烟道中与SO_2反应,生成$CaSO_3$与$CaSO_4$ 适用于中小容量的锅炉,在国内已有不少工程使用	脱硫效率70%~85%,系统较简单,占地面积小,投资省,钙硫比低($Ca/S=1.3$~1.5),运行成本低
湿法	石灰石-石膏湿法	利用石灰石粉浆液洗涤烟气,使SO_2与$CaCO_3$产生化学反应,生成$CaSO_3$,进而被氧化成$CaSO_4$,通过吸收、固液分离等工艺过程达到脱硫的目的 适用于较大容量锅炉,技术成熟,业绩广泛	脱硫效率可达90%~95%以上,技术可靠,工艺系统完整,钙硫比低($Ca/S=1.03$~1.05);脱硫效率最高,可获得石膏副产品,投资很大,占地面积大,系统复杂,运行成本高,管理要求严格

续表 2

分类	处理方法	基本原理及适应性	处理效果及优缺点
湿法	海水脱硫	利用天然海水作为吸收液,在反应塔中洗涤 SO_2,吸收 SO_2 后的海水在曝气氧化池中与海水混合,曝气处理,使不稳定的 SO_3^{2-} 被氧化成稳定的 SO_4^{2-},最终排入大海。通常需要设置烟气换热器 国内有运行业绩	脱硫效率可达 90%以上,投资中等,受自然条件限制(需位于海边且周围海域对增加的 SO_4^{2-} 不敏感),占地面积较大,运行成本较低
	氨法	利用氨水或液氨为吸收剂,通过吸收洗涤烟气,使 SO_2 与氨反应,生成 $(NH_4)_2SO_3$ 和 NH_4HSO_3,进一步氧化成 $(NH_4)_2SO_4$ 适用于中小容量锅炉,国内有系列设备	脱硫效率 80%~90%,系统简单,占地小,投资较低,运行费用高
	钠钙双碱法	利用 NaOH 或 $NaCO_3$ 溶液作为吸收剂,降低吸收塔结垢倾向,同时再生的 NaOH 或 $NaCO_3$ 溶液可反复循环利用,利用 CaO 消化后产生的 $Ca(OH)_2$ 作为固硫剂,达到脱硫的目的 适用于中小容量锅炉,目前国内已有业绩	脱硫效率可达 90%,投资中等,占地面积中等,运行成本中等
	碱金属(镁或钠)法	利用 $Mg(OH)_2$ 或 NaOH 作为吸收剂,在反应塔中洗涤烟气,使 SO_2 与 $Mg(OH)_2$ 或 NaOH 产生化学反应,生成 $MgSO_3$ 或 Na_2SO_3,在氧化塔中进一步氧化为 $MgSO_4$ 或 Na_2SO_4,达到脱硫的目的	脱硫效率可达 90%以上,占地中等,投资中等,运行费用较高
	废碱液法	利用锅炉房水力除灰渣系统的碱性循环废水及企业的其他碱性废液作为吸收剂,通过麻石湿法除尘器洗涤烟气,使烟气中的 SO_2 与碱性废水反应 适用于中小容量锅炉,在工业锅炉上应用较多	脱硫效率 30%~60%,系统简单,投资较低,占地较大,效率低,运行费用低

11.0.3 一般情况下,当采用湿法脱硫工艺时,2台炉配1台反应吸收塔比1台炉配1台反应吸收塔投资要低,有利于节省投资。

11.0.4 脱硫增压风机的工作条件与锅炉引风机类似,选择要求参照引风机。

关于锅炉炉膛瞬态防爆压力的选取,目前国内现行规程(《电站煤粉锅炉炉膛防爆规程》DL/T 435 及《火力发电厂烟风煤粉管道设计技术规程》DL/T 5121)与现行美国国家防火协会 NFPA85 规范之间存在差异,如果完全按照国内现行规程执行提高炉膛瞬态防爆压力,则比较保守,将导致锅炉及烟气系统钢材增加较多。

国内中小型机组锅炉大多属于传统型锅炉(在原苏联设计标准上发展起来的),其炉膛防爆设计压力低于美国标准,一般不低于±4kPa。取钢材按屈服极限确定基本许用应力时的安全系数 $n_s=1.5$,则炉膛瞬态防爆压力达到±4×1.5=±6.0(kPa);如果取 $n_s=1.67$,则炉膛瞬态防爆压力达到±4×1.67=±6.7(kPa);其绝对值均小于8.7kPa。因此,锅炉(特别是传统型锅炉)炉膛设计瞬态负压在引风机压头较大时应适当提高,按照引风机在环境温度下的 TB 点[Test Block,风机试验台工况点。一般将此工况点作为风机能力(风量、压头)的考核点]能力取用,但不要求负压绝对值大于8.7kPa。

11.0.10 本条规定了脱硫控制室的设置及控制水平。

1 脱硫控制室与其他控制室或构筑物如果有条件合并布置,可节约占地。

2 脱硫系统的控制水平应与机组控制水平一致。

12 脱硝系统

本章为新增章节。

12.0.1 目前常用的烟气脱硝工艺见表3。

表3 常用的烟气脱硝工艺

分类	处理方法	基本原理及适应性	处理效果及优缺点
干法（还原法）	选择性催化还原法（SCR）	采用NH_3为反应剂，采用TiO_2和V_2O_5为主基体的催化剂，将NO_x还原为N_2。反应温度300℃～400℃ 技术最成熟，适合于大容量锅炉，在国内有运行业绩	脱硝效率高，可达到50%～90%，NH_3逃逸率低，无副产品，投资费用较高
干法（还原法）	非选择性催化还原法（SNCR）	采用NH_3或尿素[$CO(NH_2)_2$]为反应剂，将NO_x还原为N_2。不使用催化剂，反应温度需控制在850℃～1100℃ 适合于中小容量锅炉，在国内中小机组上尚无业绩，在600MW机组上有运行业绩	脱硝效率较低，仅40%～60%，还原剂消耗量大，NH_3逃逸率较高，易造成下游设备（如空预器）的堵塞和腐蚀。不需要催化剂，无副产品，投资费用较低
干法（还原法）	活性炭、焦吸附法	采用活性炭或焦吸附SO_2，并将其转化为H_2SO_4，同时催化加入的NH_3还原NO至N_2。可同时脱硫和脱硝 适合于中小容量锅炉，在国内尚无业绩	脱硝效率可达到80%，初投资和运行费用较高
湿法（氧化法）	O_3氧化吸收法	采用O_3为反应剂，使NO氧化成NO_2，然后用水吸收。生成物硝酸（HNO_3）液体需经浓缩处理，而且O_3需用高电压制取 适合小容量锅炉	脱硝效率可达到85%，初投资高，运行费高

续表3

分类	处理方法	基本原理及适应性	处理效果及优缺点
湿法（氧化法）	ClO_2氧化还原法	采用ClO_2为反应剂,将NO氧化成NO_2,用Na_2SO_3水溶液吸收,使NO_2还原成N_2。副产品KNO_3可作化肥,可以和采用NaOH作为脱硫剂的湿法脱硫技术结合使用 适合小容量锅炉	脱硝效率高,可达到95%,运行成本高,投资较高
	$KMnO_4$氧化吸收法	采用$KMnO_4$为反应剂,将NO氧化成NO_2,然后将NO_2固相生成硝酸盐。副产品KNO_3可作化肥,可同时脱硫,存在水污染的问题,需增加废水处理系统 适合小容量锅炉	脱硝效率高,可达到90%~95%,运行成本高,投资较高

12.0.2 当选择液氨等作为脱硝反应剂时,还应经过建设项目环境影响报告和安全预评价报告的批复通过。

12.0.3 失效催化剂的处理一般采用再生循环利用或者是垃圾掩埋,主要取决于失效催化剂的寿命与使用情况,同时综合考虑处理方式对环境的影响和经济成本。

12.0.4 如果脱硝装置采用SCR装置且"高含尘"(位于省煤器和空预器之间)布置的方式,一般旁路有两种,一种是烟气调温旁路,另一种是SCR旁路。

所谓烟气调温旁路,是指从省煤器入口至SCR反应器入口的旁路。其作用是在低负荷时(低于50%~70%MCR)打开旁路,将烟气直接引入SCR装置,保证SCR装置内的烟气温度保持在适合投NH_3的温度(300℃左右),以确保脱硝效率。由于锅炉在低负荷时NO_x浓度相应较低,如果电厂低负荷的年运行小时很低时,可以考虑不投NH_3,因此一般不设置烟气调温旁路。

所谓SCR旁路,是指从SCR入口至空预器入口的旁路。其主要用于锅炉启停时保护SCR装置内的催化剂不受损坏,并且方便检修 SCR。因此,安装 SCR 旁路主要用于锅炉需要经常启停或长时间不用的情况。SCR 旁路需要增压挡板,由于挡板常关,因此积灰比较严重,为使积灰不结块,SCR 旁路还需要设置一套加热系统使之加热至100℃左右,因而投资、维护费用和要求都比较高。在美国,SCR 在夏季运行,冬季关闭,所以专门设置 SCR 旁路;对于小型热电厂一般可不设置 SCR 旁路。

12.0.5 关于锅炉炉膛瞬态防爆压力选取的原则与第11.0.4条条文说明相同。

12.0.6 主要指410t/h级锅炉当采用回转式空气预热器时,如果采用 SCR 或 SNCR 装置,残余 NH_3 和烟气中的 SO_3、H_2O 形成 NH_3HSO_4,在温度150℃～230℃范围内对空气预热器的中温段和冷段形成强烈腐蚀,SCR 催化物也将部分 SO_2 转化为易溶于水形成硫酸滴的 SO_3,加剧冷端腐蚀和堵塞的可能。因此,空气预热器设计需要采用如下一些措施:

1 换热元件采用高吹灰通透性的波形替代,虽然这种波形能保证吹灰和清洗效果,但换热性能下降,需增加换热面积。

2 冷段采用搪瓷表面传热元件,可以隔断腐蚀物和金属接触,表面光洁,易于清洗干净。

3 空气预热器吹灰器采用蒸汽吹灰和高压水停机清洗。

13 汽轮机设备及系统

13.1 汽轮机设备

13.1.1 系原规范第8.1.1条的修改。

国家发改委、建设部2007年《关于印发〈热电联产和煤矸石综合利用发电项目建设管理暂行规定〉的通知》中明确:在已有热电厂的供热范围内,原则上不重复规划建设企业自备热电厂。除大型石化、化工、钢铁和造纸等企业外,限制建设为单一企业服务的热电联产项目。在热电联产项目中,优先安排背压式热电联产机组,当背压式机组不能满足供热需要时,鼓励建设单机200MW及以上大型高效供热机组。在电网规模较小的边远地区,结合当地电力电量平衡需要,可以按热负荷需求规划抽汽式供热机组,并优先考虑利用生物质能等可再生能源的热电联产机组;限制新建并逐步淘汰次高压参数及以下燃煤(油)抽凝机组。

根据国家新的能源政策,热电联产应当以集中供热为前提,以热定电。在热负荷可靠落实的前提下,应优先选用容量较大、参数较高和经济效益更高的供热式汽轮机。

对于干旱地区,水资源非常紧张,节约水资源是我国保护环境的基本国策,因此,干旱地区宜选用空冷式汽轮机。

13.1.2 系原规范第8.1.2条。

13.1.3 系原规范第8.1.3条的修改。

1 选用背压式机组,特别强调必须具有常年持续稳定的热负荷。如一些化工企业,一年四季不分冬夏、不分昼夜,除按计划停产检修外,连续生产,用汽热负荷非常稳定,这样的企业自备热电厂,非常适合选用背压式机组或抽汽背压式机组来承担全年中的基本热负荷。

背压式机组满负荷运行时,有很高的经济性。但低负荷时,效率降低很多。因此应让背压式汽轮机带足全年中的基本热负荷,这样节能效果显著。通常背压式汽轮机的最小热负荷,不得低于调压器正常工作允许的最小出力,为额定出力的40％左右。

2 热电厂各热用户或企业自备热电厂各车间的用汽量和用汽时间不均衡,在全年的热负荷中有一部分是常年稳定的热负荷,而另一部分是随季节和昼夜而波动的热负荷。在机组选型时,必须实事求是,有多少是常年稳定的基本热负荷,就选用多大容量的背压式汽轮机或抽汽背压式汽轮机,另设置抽凝式机组承担变化波动的热负荷。

3 本条提出了"新建热电厂的第一台机组不宜设置背压式汽轮机"这一点在我国是有经验教训的。热网建设牵涉到城市规划和各行各业,虽然强调与热电厂同时设计、同时施工、同时投产,但往往因种种原因而滞后较长时间,新的经济开发区热负荷稳定一般需要1年～2年,甚至2年～3年时间。在这种情况下,第一台机组选用了背压式汽轮机,常常因热负荷不足,而不能正常投运,不得不改为先安装抽凝式机组,后安装背压式机组。

13.1.4 系原规范第8.1.4条的修改。

为了使热电联产系统的经济性达到最佳状态,应该正确选择供热式汽轮机的形式、容量,并建设一定容量的尖峰锅炉实行联合供热。热化系数是标志热电联产系统经济性是否达到最佳状态的一个重要指标。在工程中具体取多少,必须因地制宜,论证确定。

热化系数取值过小,满足了热电厂本身的经济效益,则可能使热电厂机组容量小、扩建周期短而新建尖峰锅炉房多;热化系数取值过大,则设备投资和热电厂的运行经济效益受热负荷的增长速度的严重制约。

影响热化系数的主要因素有热负荷的种类、大小、特性和增长速度,地区气象特征;供热式机组的形式、容量、热电厂的扩建周期和综合造价;尖峰锅炉房的容量和综合造价;热网的参数、形式、规模和综合造价;热电厂的燃料和供水条件及费用;地区的煤价、热价、电价和热电厂在电网中的地位等。这些因素都是随时间和地点而变化的,同时也在一定程度上受到国家能源政策和经济政策的约束。因此合理选取热化系数是一个政策性强、涉及面广、较复杂的系统优化组合问题。

热化系数作为衡量热电厂经济性的宏观指标,一般在 $0.5 \sim 0.8$ 范围内,这就说明建成热电厂之后仍有 20%～50%的供热负荷不依靠电厂,直接由调峰锅炉供给。而保留一部分外置区锅炉房,既有利于电厂的经济运行,降低热电厂的建设投资,又对供热区域起到调峰和备用作用。

13.1.5、13.1.6 系原规范第 8.1.5 条和第 8.1.6 条。

13.2 主蒸汽及供热蒸汽系统

13.2.1、13.2.2 系原规范第 8.2.1 条和第 8.2.2 条。

13.3 给水系统及给水泵

13.3.1、13.3.2 系原规范第 8.3.1 条和第 8.3.2 条。

13.3.3 系原规范第 8.3.3 条的修改。

近年来,为了减少厂用电,已出现一些高压热电厂采用大汽轮机的中压抽汽,供小背压机带动给水泵,小背压机的排汽再供除氧器用汽($0.8MPa \sim 1.0MPa$),进一步提高了节能效果。

13.3.4 系原规范第 8.3.4 条。

13.4 除氧器及给水箱

13.4.1 系原规范第 8.4.1 条。

13.4.2 系原规范第 8.4.2 条的修改和补充。

给水箱是凝结水泵、化学补给水泵与给水泵之间的缓冲容器,在机组启动、热负荷大幅度变化以及凝结水系统或化学补给水系统故障造成除氧器进水中断时,可保证在一定时间内不间断地满足锅炉给水的需要。

考虑到小型发电厂近年来的热控水平及操作水平虽有所提高,但热电厂的热负荷变化较大等因素,对130t/h级及以下的锅炉的给水箱容量,仍规定与原条文相近。随机组容量的增大,热控水平的提高,适当减小给水箱容量,对设备布置和节约投资均有利,故对410t/h级及以下的锅炉,补充规定给水箱的总容量为15min全部锅炉额定蒸发量时的给水消耗量,但仍比纯凝汽电厂大。

给水箱的总容量是指给水箱正常水位至出水管顶部水位之间的贮水量。

13.4.3 系原规范第8.4.3条的修改。

国产高压50MW级抽凝式机组凝汽器带鼓泡式除氧装置,允许补水进入凝汽器进行初级除氧。

13.4.4 系原规范第8.4.4条。

13.4.5 系原规范第8.4.5条的修改。

在以供采暖为主的热电厂中,当热网加热器的大量高温疏水和高压加热器的疏水进入大气式除氧器时,其扩容汽化的蒸汽量超过除氧器的用汽需要,使进入除氧器的给水不需要回热抽汽加热就自生沸腾,产生这种自生沸腾的不良后果是:

1 除氧器内压力升高,对空排汽量加大,汽水损失增加。

2 破坏除氧器内的汽水逆向流动,除氧效果恶化。

3 影响给水泵的安全运行。

在除氧器热力系统做热平衡计算时,应保证除氧器不发生自生沸腾。为此必须使回热抽汽量有一定的正值,必要时还要对除氧器进行低负荷热平衡校核计算。如果计算的结果是回热抽汽量为较小的正值,甚至负值时,就必须把大量的热网高温疏水通过疏水冷却器降温后再进入除氧器。疏水冷却器可以用来预热热网水、生水或化学补给水。

解决除氧器自生沸腾的另一方法是提高除氧器的工作压力,

采用绝对压力为 0.25MPa～0.412MPa、饱和温度为 120℃～145℃ 的中压除氧器或压力为 0.5MPa、饱和温度为 158℃ 的高压除氧器。近年来大容量、高参数的采暖机组都采用了压力较高的除氧器。

13.4.6 本条为新增条文。

火力发电厂高温高压机组一般要配置两台除氧器：一台低压除氧器，一台高压除氧器。温度较低的除盐水首先经除盐水泵补入低压除氧器，在低压除氧器内热力除氧，加热到一定温度后再由中继泵打入高压除氧器。设置低压除氧器的目的一方面主要是经过两道除氧，可保证给水含氧量合格；另一方面，可防止低温补水直接进入高压除氧器，引起设备负荷加大，出现剧烈振动，甚至造成设备损坏。

在保证给水含氧量合格的条件下(给水含氧量部颁标准为小于 $7\mu g/L$)，也可采用一级高压除氧器。

13.4.7～13.4.9 系原规范第 8.4.6 条～第 8.4.8 条。

13.5 凝结水系统及凝结水泵

13.5.1 系原规范第 8.5.1 条。

13.5.2 系原规范第 8.5.2 条的修改。

新增凝结水泵"宜设置调速装置"，主要是考虑电厂的节能降耗。

凝汽式机组一般装设 2 台凝结水泵，一运一备。每台凝结水泵的容量应为汽机最大进汽工况下最大凝结水量的 110%。裕量 10%，主要考虑除氧器水位调节需要、凝结水泵老化和其他未估计到的因素。

13.5.3、13.5.4 系原规范第 8.5.3 条和第 8.5.4 条。

13.6 低压加热器疏水泵

13.6.1 系原规范第 8.6.1 条的修改。

由于本规范电厂容量的适应范围已经扩大到125MW以下机组,因此根据这一情况,相应修改本条。

13.6.2、13.6.3 系原规范第8.6.2条和第8.6.3条。

13.7 疏水扩容器、疏水箱、疏水泵与低位水箱、低位水泵

13.7.1 系原规范第8.7.1条的修改。

电厂的主蒸汽、供热蒸汽和厂用低压蒸汽等均采用母管制系统。其他各类母管也较多,启动和经常疏放水也较多,为回收工质和热量,宜设疏水扩容器、疏水箱和疏水泵。本次修订补充了高压机组宜分别设置高压疏水扩容器和低压疏水扩容器的规定。

多数热电厂设疏水箱和疏水泵。运行中锅炉停炉及水压试验后的放水,常因水质差,回收一部分或不回收。除氧器给水箱的放水,多数发电厂均采用先放至疏水箱,再用疏水泵打至其他除氧器给水箱后,然后放去部分水质差的剩水。实际放入疏水箱的主要是各母管的经常疏水。考虑到多数热电厂实际放入疏水箱的经常疏水量,疏水箱的容积比原规范规定得小一些。

第二组疏水系统的设置,可根据机组台数、主厂房长度等因素综合考虑决定。一般机组超过4台时,根据需要可设第二组疏水设施。

13.7.2 系原规范第8.7.2条。

13.8 工业水系统

13.8.1 系原规范第8.8.1条。
13.8.2 系原规范第8.8.2条的修改。

有些发电厂把工业水、冲灰水、消防水和生活水等系统连在一起,系统紊乱,互相影响。为避免出现各种用水相混的情况发生和保证工业用水的可靠性,要求工业水具有独立的供、排水系统。供水系统不应与厂内消防用水、冲灰用水、生活用水等系统合并。

13.8.3 系原规范第8.8.3条的修改。

工业水系统一般可分为开式、闭式或开式与闭式相结合的系统。开式系统较为常见,这种系统较简单。当淡水水源不足或水质较差,如再生水、海水等,不能适应辅机设备冷却水要求的,需要进行澄清、过滤或化学处理时,可选用闭式系统,回收重复利用。

近年来在大机组中普遍采用的闭式除盐水系统也出现在一些对工业水要求较高的 50MW 级及以上的机组设计中,因此补充了此条款。

13.8.4～13.8.7 系原规范第 8.8.4 条～第 8.8.7 条。

13.8.8 系原规范第 8.8.8 条。

提倡节约用水,循环使用,一水多用。工业水排水可回收作为其他对水质要求不高的用户的水源,如作煤场喷洒水、调湿灰用水等,也可以经过冷却后再作工业水循环使用。

13.8.9 系原规范第 8.8.9 条。

13.9 热网加热器及其系统

13.9.1～13.9.11 系原规范第 8.9.1 条～第 8.9.11 条。

13.10 减温减压装置

13.10.1～13.10.4 系原规范第 8.10.1 条～第 8.10.4 条。

13.11 蒸汽热力网的凝结水回收设备

13.11.1、13.11.2 系原规范第 8.11.1 条和第 8.11.2 条。

13.12 凝汽器及其辅助设施

13.12.1 系原规范第 8.12.1 条。

13.12.2 系原规范第 8.12.2 条的修改。

凝汽器胶球清洗装置能在运行中对凝汽器换热管内壁进行自动清洗,是提高凝汽器真空、延长管材使用寿命、减少人工清洗、检修工作量、提高机组运行经济性、节能降低煤耗的有效措施。对水质条件差、受季节性变化影响大的开式循环水系统的机组尤为必要。因此除了采用开式循环水系统水质好，水中悬浮物较少，并证明凝汽器管材不结垢的除外，一般应装设胶球清洗装置。

13.12.3 本条为新增条文。

本条提出了对凝汽器抽真空设备的规定。

13.12.4 本条为新增条文。

本条补充了对空冷机组凝汽器抽真空设备的规定。

14 水处理设备及系统

14.1 水的预处理

14.1.1 系原规范第10.1.1条的修改。

随着水处理新技术不断推出和其工艺系统日臻完善,可供选择的锅炉补给水处理水源不局限于水源地的原水,如城市回用再生水、矿井排水以及苦咸水、海水等,经过技术经济比较后都可以作为被选择水源。

14.1.2 本条为新增条文。

要求掌握所选择的水源是否有丰水期和枯水期的变化以及变化规律,了解是否有海水倒灌或农田排灌等影响,对于回用再生水、矿井排水需了解其来源和水质组成。对于地表水还应对是否会有沿程变化进行预测判断。

14.1.3 本条为新增条文。

14.1.4 本条为新增条文。

强调水质资料的获取是设计行之有效的水处理系统的先决条件。作为锅炉补给水的水源应进行水质全分析,并对分析次数及项目作出规定。

14.1.5 系原规范第10.1.2条的修改。

根据不同的被处理水源确定水处理系统。对不同的水质选择不同的处理工艺时细化归纳成三个大类:

1 凝聚澄清。
2 颗粒介质过滤。
3 膜过滤。

14.1.6 系原规范第10.1.3条和第10.1.4条的修改。

保留条文中有用部分,增加近年来运用成熟的微滤、超滤等内容,以及设备台数的确定。

14.1.7 本条为新增条文。

预处理系统运行时的"启"与"停"操作不太频繁,手动操作一般不会给运行带来不便;而澄清器(池)排泥、过滤器(池)反洗则随运行状态的继续不断重复,宜程序控制。

14.1.8 本条为新增条文。

14.2 水的预除盐

本节为新增章节。

随着水处理科技不断发展和处理工艺可操作性增强,无论是膜法脱盐还是热法脱盐,依托的是物理法,在热力发电领域被越来越多地采用。纳滤膜也能部分脱盐,但在国内火电厂尚鲜见,因此本规范所指的膜法是针对反渗透而言。

14.2.1 本条论述了发电厂水的预脱盐工艺。

14.2.3 热电厂以热电联产来获取效益,机组容量不大但需补水量很大。提出设计预脱盐系统前应进行技术经济比较。

1 提出了反渗透系统选择配置的原则。主要包括:模块化设计、回收率确定原则、排放浓水宜回用以及装置运行加药、停运保养等。

1)根据运行资料,中水回收率约55%,其他淡水回收率可达85%、海水单级反渗透回收率可达45%。

2)RO膜对进水中溶解性盐类不可能绝对完美地截留。水通量同时是温度、压力、溶质浓度、膜通量衰减以及回收率的函数,运行中任一因素都会影响产水量。设计时应考虑程序计算膜元件的温度取值,海水每降低1℃产水量下降约3%,淡水每降低1℃产水量下降1.5%~2%。加热水体可以减小水的黏度、提高水的扩散系数、降低膜表面浓差极化、增加水通量。

3)反渗透高压泵出口慢开门可防膜组件受高压水冲击,也有工程采用变频手段控制启动条件,装爆破膜是尽可能减小误操作引起膜损坏,浓水排放装流量控制阀可以控制水的回收率。

14.2.4 本条论述了发电厂采用热法预脱盐的规定。

1 提出了设置海水预处理的原则。

2 提出了海水热法脱盐前的水质稳定、调理原则。

3 提出了蒸馏淡化装置的容量配置原则。

4 提出了加热和抽真空用汽选择的原则。

5 对不同类型的热法海水淡化装置最高操作温度作出了原则约定。不同的海水淡化装置,其所选材质也不同。

14.3 锅炉补给水处理

系对原规范第10.2节作出较大增删、调整和修改。20世纪90年代以来随着热电联产机组容量、参数不断增大、升高,以及不断推出阴离子交换树脂新品种和价格下降,水的软化工艺渐渐淡出市场。基建电厂锅炉补给水处理大都采用除盐技术,运行厂也纷纷对软化系统进行除盐工艺技术改造。锅炉补给水水质的改观与锅炉水、汽系统能否清洁运行相辅相成,既可核减锅炉排污损失,又可减轻热力系统化学加药负担。

14.3.1 本条为锅炉补给水处理系统设计。

1 系原规范第10.2.1条的修改。

保留了原条文中有用部分,提出锅炉补给水处理宜采用除盐技术。

2 系原规范第10.2.1条的修改。

3 本款为新增条款。

离子交换树脂的工作交换容量是拟定处理系统、选取设备规范的重要数据。树脂的工作交换容量是动态的,当树脂品牌和用量确定后,在不超过相应树脂工作交换容量上限的前提下,也可用再生剂耗量的不同得到相应树脂的工作交换容量,使再生排水pH值在中性范围内。

4 系原规范第10.2.1条的修改。

5 系原规范第10.2.3条的修改。

本规范锅炉蒸发量一般不超过410t/h级,仍保留并修改"启动或事故增加的损失"这一项。由于不采用单独软化水作为补给水,厂内水、汽系统循环损失相应核减,锅炉蒸发量大时宜取下限,锅炉蒸发量小时宜取上限。

14.3.2 本条规定了锅炉补给水处理设备的选择。

1 系原规范第10.2.4条的修改。

每台交换器正常再生次数宜按每昼夜不超过1次考虑是基于:当每台交换器正常再生次数多于1次/d时,说明进入交换器的水中需被交换的离子含量高,此时往往用设置预脱盐系统、增大交换器直径、增加交换器台数等方法来解决;在相同制水量时,再生越频繁,单位耗酸碱和废水排放量以及厂用电越大;运行20h、再生4h较科学,涉外工程和核电机组均如此考虑。有前置预脱盐的交换器不受本条款限制。

每台交换器正常再生次数按每昼夜1次考虑,对检修或再生备用以及全年最坏水质都已具有缓冲空间。

2 系原规范第10.2.5.1款的修改。

目前国内离子交换器最大直径为ϕ3200mm,固定床系列中间水箱6min贮水量和浮动床系列中间水箱4min贮水量对应的有效贮容积约20m^3,其直径不会超过ϕ3400mm,不会对制造、运输带来不便。

3 本款为新增条款。

装置元器件配置应保证产水回收率大于90%。据了解:IONPURE公司C-CELL装置的淡水室和浓水室均填充着离子交换树脂,充分克服了水电阻问题,能耗降低,故无须浓水循环、不必加盐,有浓水排放,但没有极水排放;ELECTROPURE公司EDI装置中,淡水室填充着离子交换树脂,浓水室无离子交换树脂填充,故也无须浓水循环、但须加盐,有浓水排放,也有极水排放。

4 本款为新增条款。

提出了对运行中的除盐系统进行不能断水的保护。

5 系原规范第10.2.5.2款～第10.2.5.4款的修改。

14.4 热力系统的化学加药和水汽取样

14.4.1 系原规范第10.3.1条和第10.3.2条的修改。

1 锅炉炉水加药不局限于磷酸盐,也可用氢氧化钠校正水质。加药是一把双刃剑,在为炉水处理作出贡献的同时客观上也向水体投入了杂质。因此在达到处理效果前提下希望加入量越少越好。如一台410t/h级汽包炉,每个月投加一次30g的固体分析纯氢氧化钠提高炉水pH本底值即可,同时锅炉不再排污。

2 当锅炉补给水采用除盐水后,给水应进行加氨处理。

3 根据锅炉压力等级或炉型,考虑是否进行给水加联氨处理。联氨不仅是除氧剂,还有缓蚀作用。

4 新增闭式冷却水系统加药及药品选择内容。药品宜与给水或炉水采用的一致。当给水没有进行加联氨时,可视炉水加药品种先对闭冷水添加适量磷酸盐或氢氧化钠提升pH本底值,然后加少量氨维持pH值。

14.4.2 本条为新增条文。

有必要时可向制造厂提出增设加药点,与本体连接的入药口应在锅炉出厂前完成。

14.4.3 系原规范第10.3.1条和第10.3.2条的修改。

根据实际运行情况,高压及以下机组的加药计量泵(尤其是进口泵)不易损坏,对多台机组合用一套加药装置时,可不设备用泵,泵出口管系设计成相互备用;如果仅设单台机组,也可根据机组情况考虑备用泵。

14.4.4 本条为新增条文。

本条提出了自动加药以及控制自动加药所采集的信号方式。

14.4.5 系原规范第10.3.4条的修改。

本条强调了样点设置、与水化学工况的关系确定等。

14.4.6 本条为新增条文。

采用水汽取样模块；配备必要的在线仪表（如溶氧表、pH表和电导率表等），根据工程情况选择在线仪表信号输送方式。

14.4.7 系原规范第10.3.4.1款的修改。

14.4.8 本条为新增条文。

本条对加药、取样管道材料选择提出了要求。

14.4.9 系原规范第10.3.4.6款的修改。

加药、取样装置宜物理集中布置，就近设立现场水汽化验室，其分析仪器配置应与在线仪表互补。

14.5 冷却水处理

14.5.1 系原规范第10.4.1条的修改。

电厂冷却水是厂内最大水用户，尤其是冷却塔二次冷却电厂，其水源选择意义重大。循环冷却水系统又是一个动态平衡体系，不仅包括水量、水质的平衡（稳定），而且包括换热表面、微生物生长等方面的平衡，循环冷却水加药就是为了维持浓缩倍率在一定范围时，尽量提高凝汽器传热效率和循环水浓缩倍率，建立起系统新的动态平衡和保持系统正常、经济运行。

14.5.2 本条为新增条文。

本条增加了凝汽器循环水浓缩倍率计算取值的内容。

近年水质稳定剂药效已大幅提高，通常可使水中极限碳酸盐硬度保持在10mmol/L，辅助加酸效果更佳。

循环水补充水碳酸盐硬度较高又要求有较高浓缩倍率时，应采取补充水软化处理或循环水旁流软化处理。

循环水排污水必须回用于循环冷却水系统或补充水含盐量很高时也可考虑膜处理。

14.5.3 本条为新增条文。

再生水一般指城市污水经过一级处理、二级处理后的排水。同自然界淡水相比，它具有含盐量、有机物、氨氮高，细菌种群复杂,腐蚀和结垢倾向大等特点。可考虑石灰处理,当有机物等含量高时宜采用生物膜处理。

14.5.4 系原规范第10.4.2条的修改。

硫酸亚铁溶液在凝汽器铜管内壁形成碱性氧化铁膜可减缓铜管腐蚀。新铜管一次造膜效果较好;运行中补膜与药剂浓度、加药模块距加药点距离、二价铁被氧化成三价铁速度、水的流程以及时间有关。聚磷酸盐在水中易产生粘着物,而硫酸亚铁有助凝作用,可致使粘着物附于管壁影响传热效果,因此冷却水采用聚磷酸盐处理时不宜选用硫酸亚铁成膜。

14.6 热网补给水及生产回水处理

14.6.1 系原规范第10.5.2条的修改。

本条阐述了对热网补给水处理的要求。

14.6.2 系原规范第10.5.3条、第10.5.5条的修改。

14.6.3 系原规范第10.5.4条的修改。

14.7 药品贮存和溶液箱

14.7.1 系原规范第10.7.1条的修改。

14.7.2 系原规范第10.7.3条的修改。

14.8 箱、槽、管道、阀门设计及其防腐

本节为新增章节。

14.8.1 本条为新增条文。

本条提出了水箱(池)本体应具有的必要功能。

14.8.2 本条为新增条文。

本条提出了管道、阀门应满足流经介质的要求。

14.8.3 本条为新增条文。

本条对寒冷地区室外设施提出了保温和防冻要求。

14.8.4 系原规范第10.6节的修改。

本条提出了应根据腐蚀性介质的性质选择防腐材料和工艺，兼顾防腐衬涂施工时的环境、劳动卫生条件。直埋钢管要根据土壤性质（如盐碱性、地下水位以及冻土层等）选择管外壁防腐层。

14.9 化验室及仪器

14.9.1 系原规范第10.7.5条的修改。

14.9.2 本条为新增条文。

15 信息系统

本章为新增章节。

15.1 一般规定

15.1.1 在全厂信息系统的总体规划设计时,要符合现行行业标准《电厂信息管理系统设计内容及深度规定》DLGJ 164 的有关规定。

15.2 全厂信息系统的总体规划

15.2.6 单向传输隔离设备应是通过国家有关部门认证的、可靠的、取得合格证书的产品。应遵循国家经贸委发布的〔2002〕第 30 号令《电网和电厂计算机监控系统及调度数据网络安全防护规定》(2002 年 6 月 8 日起施行)。

15.3 管理信息系统(MIS)

15.3.6 信息分类与编码应遵照国家标准和电力行业的各种规范及编码标准。如工程采用电厂标识系统,应遵循现行国家标准《电厂标识系统编码标准》GB/T 50549。

16 仪表与控制

16.1 一 般 规 定

16.1.1 系原规范第13.1.1条的修改。

本条规定了仪表与控制系统的选型的基本原则。

16.1.2 系原规范第13.1.2条的修改。

根据我国电力建设的现状和发展要求,本条强调仪表与控制系统的选择应技术先进、质量可靠、性价比高。

16.1.3 系原规范第13.1.3条的修改。

由于产品必须经过鉴定后才准许生产并投放市场的做法今后将有所改变,所以对新产品、新技术的要求修改为"取得成功的应用经验后",不再强调"鉴定合格"。

16.1.4 本条为新增条文。

本条是采用分散控制系统(DCS)、可编程控制器(PLC)技术后新增的条文,规定了控制系统对于安全防范和措施的基本要求。

16.2 控制方式及自动化水平

16.2.1 系原规范第13.2.1条~第13.2.7条的修改。

原条文第13.2.1条~第13.2.7条,采用就地控制、设置常规控制盘控制的模式已经不能满足电厂对自动化水平的要求,随着自动化技术的发展,电厂减员增效的要求,控制方式采用集中控制得到了广泛的应用。

16.2.2 本条为新增条文。

分散控制系统(DCS)、可编程控制器(PLC)技术成熟,作为电厂机组或主厂房内控制系统,在新建、扩建电厂中得到了广泛的应用。

16.2.3 本条为新增条文。

本条是采用分散控制系统(DCS)、可编程控制器(PLC)技术后新增的条文。主厂房控制系统设置数量应根据单元制、母管制、厂内热网情况确定。

16.2.4 本条为新增条文。

由于辅助车间分散,运行人员相对较多。为减少辅助车间值班点,按区域或功能进行划分,适当合并设置。对于工艺流程简单的辅助车间,也可采用就地控制方式。因为除灰渣工艺系统在某些电厂中系统非常简单,一般采用就地控制方式,故本条保留了辅助车间可采用就地控制方式的模式。

16.2.5 本条为新增条文。

本条是采用分散控制系统(DCS)、可编程控制器(PLC)技术后新增的条文。为提高辅助车间自动化水平,使之与机组或主厂房自动化水平相协调,对于采用集中控制方式的辅助车间,按区域设置控制点,设置独立的控制系统,有利于工程的实施。全厂辅助车间控制系统选型应统一,可以减少备品备件和培训、维护工作量。

16.2.6 本条为新增条文。

本条是采用分散控制系统(DCS)、可编程控制器(PLC)技术后新增的条文。根据多数电厂工程实例,结合计算机通信技术的发展,将循环水泵、空冷岛系统、燃油泵房、空压机房、脱硝等与机组或主厂房联系密切的工艺系统,纳入机组或主厂房控制系统,以实现上述车间无人值班。

16.3 控制室和电子设备间布置

16.3.1 本条为新增条文。

原规范第13.2.1条～第13.2.7条控制方式由就地控制改为本规范第16.2.1条集中控制方式后,对集中控制方式的控制室和电子设备间布置进行了原则规定。

16.3.2 本条为新增条文。

小机组的集中控制室的设置有机炉电集中控制室、机炉集中控制室、锅炉集中控制室、汽机集中控制室等多种形式。集中控制室的设置具有较大的灵活性和多样性。

16.3.3 本条为新增条文。

电子设备间的布置因机组的布置方式不同,具有较大的灵活性和多样性,设计人员可根据工程情况确定。

16.3.4 本条为新增条文。

辅助车间三个控制点的设置,已得到广泛应用。

16.3.5 本条为新增条文。

从合并控制点、减少运行人员的角度出发,将脱硫控制系统与灰渣控制系统的操作员站集中摆放在一起,脱硫与灰渣控制室合并设置。当电厂运行方式有需要时可单独设置脱硫控制室和灰渣控制室。

16.3.6 系原规范第13.10.1条的修改。

控制室是电厂主辅机设备控制中心。热控设计人员要积极主动配合主体专业统一规划布置控制室和电子设备间,工艺专业要像对待主辅设备布置一样重视将控制室和电子设备间纳入主厂房和辅助车间规划布置。本条规定了控制室位置及面积的基本原则。增加了电子设备间盘柜到墙、盘柜两侧的通道和盘柜之间的通道应满足热控设备最小安全距离、散热的要求。控制室操作台前空间距离应大于4m,当受条件限制时最小不小于3.5m。两排机柜之间距离应大于1.4m,当受条件限制时最小不小于1.2m。靠墙布置的盘柜和背对背布置的盘柜应考虑留有大于100mm的散热距离,条件受限制时最小距离不小于50mm。

16.3.7 系原规范第13.10.2条的修改。

本条规定了控制室和电子设备间环境设施的基本要求。

16.4 测量与仪表

16.4.1、16.4.2 系原规范第13.3.1条~第13.3.7条的修改。

采用分散控制系统(DCS)、可编程控制器(PLC)技术后,检测指示、记录、积算、报警等功能由 DCS 或 PLC 微处理器完成,并通过操作员站显示器显示和报警。本条列举了检测的主要内容和具体项目。

16.4.3 本条为新增条文。

对检测仪表选择原则进行了规定。

16.4.4 本条为新增条文。

本条对巡检人员进行现场检查和就地操作的就地检测仪表设置进行了规定。

16.5 模拟量控制

16.5.1、16.5.2 系原规范第13.4.1条~第13.4.11条的修改。

这两条列举了模拟量控制的主要内容和具体项目。

16.6 开关量控制及联锁

16.6.1、16.6.2 系原规范第13.5.1条~第13.5.5条、第13.8.1条和第13.8.2条的修改。

本条基于 DCS 或 PLC 技术的应用,对开关量控制的基本功能和具体功能的条款进行了规定。

16.6.3 本条为新增条文。

本条确定了顺序控制系统设置的原则。

16.7 报　　警

16.7.1 系原规范第13.6.1条的修改。

本条根据集中控制方式,增加了主要电气设备故障、有毒/有害气体泄漏作为报警内容。

16.7.2 本条为新增条文。

根据机组或主厂房控制系统采用 DCS 或 PLC 技术,确定信号源的新内容。

16.7.3 本条为新增条文。

本条是采用分散控制系统(DCS)、可编程控制器(PLC)技术后的新增条文。规定进入控制系统的报警信号均能在操作员站显示器上显示和打印机上打印。

16.7.4 本条为新增条文。

本条规定了采用分散控制系统(DCS)、可编程控制器(PLC)后,常规光字牌报警器进行报警设置的原则。

16.7.5 系原规范第13.6.2条的修改。

本条规定了机电联系信号设置的条件和原则。

16.8 保 护

16.8.1 系原规范第13.7.1条的修改。

由于控制技术的发展以及控制设备采用较先进的计算机技术后,对保护设计的要求增加了较多的内容,如防误动和拒动措施,独立性原则,停机、停炉按钮直接接入驱动回路,保护优先原则,不设运行人员切、投保护操作设备等,这些在设计中应充分重视。

16.8.2、16.8.3 系原规范第13.7.2条和第13.7.3条的修改。

16.8.4 本条为新增条文。

本条提出了发电机的保护内容。

16.8.5 本条为新增条文。

本条提出了辅助系统的保护要求。

16.9 控 制 系 统

本节为新增章节。

16.9.1 本条为新增条文。

本条规定了控制系统的可利用率。

16.9.2 本条为新增条文。

本条是采用分散控制系统(DCS)、可编程控制器(PLC)技术后的新增条文。在工程实施过程中,控制系统I/O点的数量多有变化,设计时应考虑10%～20%的备用量。特别是对于辅助车间控制系统应特别给予关注,板卡、通道、端子均应按此原则考虑。

16.9.3 本条为新增条文。

本条对控制器数量设计进行了原则规定。

16.9.4 本条为新增条文。

本条对控制器、操作员站的处理能力进行了原则规定。

16.9.5 本条为新增条文。

本条对控制系统的通信负荷率进行了原则规定。

16.9.6 本条为新增条文。

本条对独立于控制系统的后备硬接线操作手段的设置进行了原则规定。

16.9.7 本条为新增条文。

本条对变送器冗余设置进行了原则规定。

16.10 控 制 电 源

16.10.1 系原规范第13.9.1条的修改。

本条提出了机组或主厂房控制系统、汽轮机控制系统、机组保护回路、火焰检测装置等供电电源的设计原则。

16.10.2 系原规范第13.9.2条的修改。

为保证配电箱、电源盘供电电源的可靠性,本条文提出应有两路输入电源,分别引自厂用低压母线的不同段。

16.10.3 系原规范第13.9.3条的修改。

采用DCS或PLC控制系统后,取消了常规控制盘设计模式和供电模式,规定了其他控制盘的供电电源设计原则。

16.11 电缆、仪表导管和就地设备布置

16.11.1～16.11.3 系原规范第13.11.1条～第13.11.3条。

16.11.4 系原规范第13.11.4条的修改。

16.11.5 系原规范第13.11.5条的修改。

明确分支电缆通道可采用电缆槽盒的设计原则。

16.11.6 系原规范第 13.11.6 条。

检测点定位和变送器布置的原则应满足和保证被测介质检测参数精度的要求,在此基础上,适当集中布置,以方便安装维护。

16.11.7 系原规范第 13.11.7 条。

某些发电厂仪表控制设备及部件的设计,因露天防护措施不力而造成不少事故。为此规定,凡露天布置的热控设备、导管及阀门,均应注意采取防尘、防雨、防冻、防高温、防震、防止机械损伤等措施。

16.12 仪表与控制试验室

16.12.1 系原规范第 13.12.1 条的修改。

发电厂的仪表与控制试验室是国家计量系统中的一部分,根据我国计量管理有关规定(火力发电厂仪表与控制试验室建设标准,应根据国家三级计量标准设计)制定本条。

16.12.2 系原规范第 13.12.2 条的修改。

对于企业内的自备发电厂,当企业已设置了仪表与控制试验室时,不应重复设置仪表与控制试验室。

16.12.3 系原规范第 13.12.3 条的修改。

本条规定了试验室建设规模的基本原则。

16.12.4 系原规范第 13.12.5 条的修改。

凡比较难以搬运的重而大的仪表控制设备,如执行机构等,一般在主厂房内设置现场维修间。

16.12.5、16.12.6 系原规范第 13.12.6 条和第 13.12.7 条。

17 电气设备及系统

17.1 发电机与主变压器

17.1.1 本条为新增条文。

本条提出了发电机及其励磁系统的选型原则和技术要求。

17.1.2 本条为新增条文。

"扣除高压厂用工作变压器计算负荷与高压厂用备用变压器可能替代的高压厂用工作变压器计算负荷的差值进行选择",系指以估算厂用电率的原则和方法所确定的厂用电计算负荷。计算方法是考虑到高压厂用备用变压器可能作为高压厂用工作变压器的检修备用,主变压器的容量选择因此应考虑这种运行工况。

当发电机出口装设断路器且不设置专用的高压厂用备用变压器,而由一台机组的高压厂用工作变压器低压侧厂用工作母线引接另一台机组的高压事故停机电源时,则主变压器的容量宜按发电机的最大连续容量扣除本机组的高压厂用工作变压器计算负荷确定。

根据现行国家标准《电力变压器 第1部分:总则》GB 1094.1规定,变压器正常使用条件为:海拔不超过1000m、最高气温+40℃、最热月平均温度+30℃、最高年平均温度+20℃、最低气温-25℃(适用于户外变压器)。现行国家标准《电力变压器 第2部分:温升》GB 1094.2规定油浸式变压器(以矿物油或燃点不大于300℃的合成绝缘液体为冷却介质)在连续额定容量稳态下的绕组平均温升(用电阻法测量)限值为65℃。故对发电机单元连接主变压器的容量选择条件作出了规定。

变压器绕组温升是指在正常使用条件下制造厂的保证值,变压器应承受规定条件下的温升试验,应以正常的温升限值为准。

在特殊使用条件下的温升限值应按现行国家标准《电力变压器 第2部分:温升》GB 1094.2—1996第4.3条的规定进行修正。

变压器容量可根据发电机主变压器的负载特性及热特性参数进行验算。

17.1.3 系原规范第11.1.2条。

17.1.4 本条为新增条文。

热电联产工程应按"以热定电"的方式运行,并网运行的企业自备热电厂应坚持自发自用原则,严格限制上网电量。故规定容量为50MW级及以下的热电机组宜以发电机电压供电。

17.1.5 系原规范第11.1.4条。

一般情况下,发电厂的主变压器应采用双绕组变压器,以减少发电厂出现的电压等级,便于运行管理。经技术经济比较论证、确需出现两种升高电压等级,而且建厂初期每种电压侧的通过功率达到该变压器任一个绕组容量的15%以上时,才可选用三绕组变压器。

17.1.6 系原规范第11.1.5条。

正常情况下,发电厂与地区电力网间的交换功率不会有太大的变化,地区电力网的电压也不应有太大的波动,故发电厂的主变压器采用有载调压变压器的必要性不大,因此为了提高运行的可靠性,不宜采用有载调压变压器。

对某些容量较大(装机总容量在100MW级及以上),且当地电业部门又要求承担调频调相任务的发电厂,也可采用有载调压变压器,但需经过调相调压计算论证。

17.1.7 本条为新增条文。

自耦变压器作为升压变压器,若发电机满发,则只有中压同时向高压送电时才能达到额定容量;高、中压间的电力输送与上述相反。自耦变压器容量就不能充分利用,此时可通过计算来选择公共线圈容量。因此,使用自耦变压器要经过技术经济比较确定。

17.2 电气主接线

17.2.1 系原规范第12.1.1条。

小型发电厂多数为热电厂,一般靠近负荷中心,常由发电机电压配电装置供电。发电机电压的选择可根据各地区电力网的电压情况,经技术经济比较后选定。

当发电机与变压器为单元连接且有厂用分支引出时,发电机的额定电压采用6.3kV是恰当的,可以节省高压厂用变压器的费用,并可直接向6kV厂用负荷供电。

17.2.2 本条为新增条文。

17.2.3 系原规范第12.1.2条。

本条明确了发电机电压母线的接线方式,对连接母线上的不同容量机组规定了不同的要求。当每段母线容量在24MW及以上,负荷较大,出线较多,且有重要负荷时,为保证对用户安全供电、灵活运行,采用双母线或双母线分段是必要的。

17.2.4 系原规范第12.1.3条。

据调查,有发电机直配线的发电厂,其限流电抗器的设置位置有下列几种情况:

1 当每段母线上发电机容量为24MW及以上时,需在发电机电压母线分段上和直配线上安装电抗器来限制短路电流。

2 当每段母线上发电机容量为12MW及以下时,宜在母线分段上安装电抗器。

3 限流电抗器安装在不同地点,其效果是有差异的,以限流电抗器在母线分段上的效果最为显著,最为经济。

17.2.5 系原规范第12.1.4条。

17.2.6 本条为新增条文。

110kV~220kV线路电压互感器、耦合电容器或电容式电压互感器以及避雷器的检修与试验可与相应回路配合或带电作业进行,故规定"不应装设隔离开关"。

17.2.7 系原规范第 12.1.6 条的修改。

发电机与双绕组变压器为单元接线时,对供热式机组经常有停机不停炉的运行方式,此时需要主变压器向锅炉辅机倒送电,以保证供热的可靠性。经了解,目前国产的 125MW 以下机组的发电机出口断路器为 SF6 型,已经应用得较多。国外如 ABB,AREVA 等公司也有成熟产品。但是价格较贵,一般在 150 万元/台～180 万元/台。因此,为保证供热的可靠性,发电机出口是否装设断路器,应该与厂用备用电源的引接方式、发电厂与电网的联系强弱有密切关系。需要在工程中进行技术经济比较。本条中对供热机组采用"可",而对于凝汽式机组来说,机、炉同时检修,因此不需要装设断路器。

如果确定发电机出口装设断路器,此时主变压器或高压厂用工作变压器宜采用有载调压方式,当根据机组接入系统的变电站电压波动范围经过计算,满足机组启动和正常运行等不同工况下的高压厂用母线电压水平要求时,也可采用无励磁调压方式。

17.2.8 系原规范第 12.1.7 条的修改。

本规范适用于发电机的单机容量最大为 100MW 级,可能出现的最高电压是 220kV,对接线方式的规定只限于 220kV 及以下(包括 35kV、66kV、110 kV)的电压等级。

17.2.9 系原规范第 12.1.8 条。

对于 25MW 级及以下的机组,当采用发电机变压器组接线方式时,由于与发电机直接联系的电路距离较短,其单相接地故障电容电流很小,不会超过规定的允许值,因此采用发电机变压器组接线的发电机的中性点不应采用接地方式。

当发电机额定容量为 50MW 级及以下时,发电机电压为 6.3kV 回路中的单相接地故障电容电流大于 4A,或发电机额定容量为 50MW～100MW 级,发电机电压为 10.5kV 回路中的单相接地故障电容电流大于 3A,且要求发电机带内部单相接地故障继续运行时,宜在厂用变压器的中性点经消弧线圈接地,也可在发电机的中性点经消弧线圈接地;当发电机内部发生故障要求瞬时切机时,宜采用高电阻接地方式。电阻器一般接在发电机中性点变压器的二次绕组上。

17.2.10 系原规范第12.1.9条。

发电厂主变压器的接地方式决定于电力网中性点的接地方式,因此本条不作具体规定,应按系统规划专业提供的接地方式而定。

17.3 交流厂用电系统

17.3.1 系原规范第12.2.1条。

原规范适用的发电机容量较小,本次修订单机容量增大到100MW级,高压厂用电系统应为6kV。

17.3.2 系原规范第12.2.2条。

高压厂用工作变压器不采用有载调压变压器,而又要求厂用母线上的电压偏移在±5%范围之内,必须具备两个条件:一是发电机出口电压波动不应超过±5%;二是高压厂用工作变压器的阻抗不宜大于10.5%,目前已被公认是选择变压器阻抗的一个必要条件。

当发电机出口装设断路器,此时高压厂用工作变压器宜采用有载调压方式,当根据机组接入系统的变电站电压波动范围经过计算,满足机组启动和正常运行等不同工况下的高压厂用母线电压水平要求时,也可采用无励磁调压方式。

17.3.3 系原规范第12.2.3条。

考虑到高压厂用备用变压器有从升高电压母线引接的可能,该母线电压受电力系统的影响比较大,为了考虑全厂停电后满足机组启动的要求,必须保证高压厂用母线的电压波动不超过±5%。所以当高压厂用备用变压器的阻抗电压在10.5%以上时,应采用有载调压变压器。

17.3.4 系原规范第12.2.4条。

为了便于检修,强调了高压厂用工作电源与机组对应引接的原则。我国绝大多数发电厂是按此引接的,并已有丰富的运行经验。

17.3.5 系原规范第 12.2.5 条的修改。

对低压厂用变压器容量的选择考虑今后发展和临时用电的需要,仍规定留有 10% 左右的裕度。

17.3.6 系原规范第 12.2.6 条的修改。

由发电机电压母线引接的备用电源,可靠性差,但运行经验表明,发生故障的几率很小。这种引接方式具有投资省的优点,因此,当有发电机电压母线时,可从该母线引接一个备用电源,而第二个备用电源则不宜再从该发电机电压母线引接。

"电源可靠"的含义是指容量应能满足备用电源自启动和连续运行的要求,电源数量应在 2 个以上(包括本厂的发电机电源)。"从外部电力系统取得足够的电源"是指在发电厂全厂停电后能满足启动机组的需要,包括三绕组变压器的中压侧从高压侧取得足够的电源。此时应注意由于负荷潮流变化引起母线电压降低的不利因素,并应满足发电厂重要的大容量电动机正常启动电压的要求。

"从外部电网引接专用线路"作为高压厂用备用电源是指发电厂中仅有 1 级~2 级升高电压向电网送电,而发电厂附近有较低电压级的电网,且在发电厂停电时能提供可靠的电源,在这种情况下,可从该电网引接专用线路作为备用电源。

"两个相对独立的电源"是指接于同一升高电压等级的不同母线段上(包括通过母联或分段断路器连接的不同母线),也就是说 2 个及以上的高压厂用备用电源,可全部引自具有 2 个及以上电源的双母线接线的配电装置,或单母线分段的配电装置。当技术经济合理时,也可从不同电压等级的配电装置母线上引接。

对于出口装设断路器的机组,其高压厂用备用变压器的功能为机组的事故停机电源和/或高压厂用工作变压器的检修备用。

事故停机电源是基本功能,必须满足,检修备用可根据电厂需要,结合厂用电接线、厂用变压器容量、厂用开关开断能力等因素按需设置。

17.3.7 系原规范第12.2.7条。

高、低压厂用备用变压器的容量选择,均应满足最大的一台厂用工作变压器所带的负荷要求。

17.3.8 系原规范第12.2.8条的修改。

对100MW级及以下发电机的厂用分支线上装设断路器已有成熟的运行经验,其优点是:当厂用分支回路发生故障时,仅将高压厂用变压器切除,而不影响整个机组的正常运行。

17.3.9 系原规范第12.2.9条的修改。

本条中的Ⅰ类负荷系指短时(包括手动切换恢复供电所需的时间)停电可能影响人身或设备安全,使生产停顿或发电量大量下降的负荷。Ⅱ类负荷系指允许短时停电,但停电时间过长,有可能损坏设备或影响正常生产的负荷。Ⅲ类负荷为长时间停电不会直接影响生产的负荷。

本条中所指的备用电源是明备用电源,不包括互为备用的暗备用电源。

17.3.10 系原规范第12.2.10条的修改。

热电厂不宜超过6台,凝汽式发电厂不宜超过4台。在工作电源较多的情况下,为了对工作电源提供可靠的备用电源,需设置第二台备用电源,以满足厂用电源供电的可靠性。

17.3.11 系原规范第12.2.11条的修改。

因本规范适用范围增大到100MW级机组,当锅炉为410t/h级时,具有双套辅机,所以每台机组设置2段母线供电。

17.3.12 系原规范第12.2.12条。

发电厂内设置固定的交流低压检修供电网络,为检修、试验等工作提供方便。

在检修现场装设检修电源箱是为了供电焊机、电动工具和试验设备等使用。

17.3.13 系原规范第12.2.13条的修改。

厂用变压器接线组别的选择应使厂用工作电源与备用电源之间相位一致,原因是以便厂用工作电源可采用并联切换方式。

低压厂用变压器采用D、yn接线,变压器的零序阻抗大大减小,可缩小各种短路类型的短路电流差异,以简化保护方式。另外,对改善运行性能也有益处。

17.4 高压配电装置

17.4.1 系原规范第12.3.2条的修改。
17.4.2 系原规范第12.3.1条的修改。

35kV屋内配电装置具有节约土地、便于运行维护、防污性能好等优点,且投资也不高于屋外型,所以宜采用屋内配电装置。110kV～220kV的SF6全封闭组合电器(GIS)目前国内的价格已经降低,因此在大气严重污秽地区(或场地受限制时),经技术经济论证决定是否采用GIS。

17.5 直流电源系统及交流不间断电源

17.5.1 系原规范第12.6.1条的修改。
17.5.2 系原规范第12.6.2条和第12.6.3条的修改。

本条增加了50MW级及以上机组蓄电池组数量的要求。

17.5.3 本条为新增条文。
17.5.4 本条为新增条文。

本条对正常运行、均衡充电和事故放电工况下的直流母线电压允许变化范围作了规定。

17.5.5 系原规范第12.6.4条的修改。

当装设2组蓄电池时,因控制负荷属于经常性负荷,为保证安全,可以允许切换到1组蓄电池运行,故应统计全部负荷。事故照明负荷因负荷较大而影响蓄电池容量,故按60%统计在每组蓄电池上。

17.5.6 系原规范第12.6.5条的修改。

当企业自备电厂不与电力系统连接时,在事故停电时间内,很难立即处理恢复厂用电,故蓄电池的容量按事故停电2h的放电容量计算。

17.5.7 系原规范第12.6.6条的修改。

对于晶闸管充电装置,原则上可配置1套备用充电装置,即:1组蓄电池配置2套充电装置;2组蓄电池可配置3套。高频开关充电装置,整流模块可以更换,且有冗余,原则上不设整台装置的备用。即:1组蓄电池配置1套充电装置,2组蓄电池配置2套充电装置。

17.5.8 系原规范第12.6.7条。

当采用单母线或单母线分段接线方式时,每一段母线上接有一组蓄电池和相应的充电设备。当相同电压的两组蓄电池设有公用备用充电设备时,在接线上还应能将这套备用的充电设备切换到两组蓄电池的母线上。

17.5.9 本条为新增条文。

当机组或主厂房热工自动化控制系统采用计算机控制系统时应设置在线式交流不间断电源。

17.5.10 本条为新增条文。

本条对交流不间断电源的主要技术条件作出了规定。

17.5.11 本条为新增条文。

本条对交流不间断电源的输入电源作出了规定。

17.5.12 本条为新增条文。

本条对交流不间断电源配电接线作出了规定。

17.6 电气监测与控制

17.6.1 系原规范第12.7.1条的修改。

热工自动化控制方式分为机炉电集中控制、机炉集中控制、锅炉集中控制、汽机集中控制方式。根据热工控制方式的分类,结合目前技术水平的发展以及实际运行情况,当采用机炉电集中控制方式时,推荐采用分散控制系统(电气系统纳入 DCS)方案,此时电力网络部分的控制应设在机炉电集中控制室;当采用机炉集中控制、汽机集中控制方式时,电气采用主控制室的控制方式,并推荐采用电气监控管理系统,该系统也包括电力网络系统的控制。

17.6.2 本条为新增条文。

本条对计算机控制系统的网络结构作出了规定。

17.6.3 本条为新增条文。

本条对机炉电集中控制室内的电气控制设备及元件作出了规定。

17.6.4 系原规范第 12.7.3 条的修改。

本条对采用主控制室控制时,应在电气监控管理系统进行控制和监视的设备及元件作出了规定。

17.6.5 本条为新增条文。

本条对电力网络计算机监控系统的监控范围作出了规定。

17.6.6 本条为新增条文。

17.6.7 本条为新增条文。

为了保证事故紧急情况可采用硬手操实现安全停机,本条提出了至少要保留的后备硬操手段。

17.6.8 本条为新增条文。

继电保护、自动准同步、自动电压调节、故障录波和厂用电切换装置采用专门的独立装置,不纳入计算机控制系统。

17.6.9 系原规范第 12.7.4 条。

主控制室控制的设备和元件的继电保护装置和电度表宜装设在主控制室内,但低压厂用变压器的继电保护和电度表也可放在厂用配电装置内。

17.6.10 本条为新增条文。

电力网络部分的同期功能也可以在电力网络计算机监控系统

中实现。

17.6.11 本条为新增条文。

本条对隔离开关、接地开关和母线接地器与断路器之间的防误操作作出了规定。

17.7 电气测量仪表

17.7.1 系原规范第12.8.1条的修改。

17.7.2 本条为新增条文。

17.8 元件继电保护和安全自动装置

17.8.1 系原规范第12.9.1条的修改。

17.9 照明系统

17.9.1 本条为新增条文。

本条提出了发电厂照明系统的设计原则和要求。

绿色照明是指节约能源、保护环境，有益于提高人们生产、工作、学习效率和生活质量，保护身心健康的照明。

17.9.2 本条为新增条文。

17.9.3 系原规范第12.10.1条的修改。

根据目前照明设计的要求，对发电厂正常照明、应急直流照明系统重新作了规定。

17.9.4 系原规范第12.10.2条和第12.10.3条的修改。

按现行国家标准《特低电压（ELV）限值》GB/T 3805的规定："当电气设备采用24V以上的安全电压时，必须采取防止直接接触带电体的保护措施"，故本条对生产厂房内安装高度低于2.2m照明灯具以及热管道与电缆隧道内照明灯具的安全电压规定为24V。

17.9.5 系原规范第12.10.4条的修改。

在选择光源时，应进行全寿命期的综合经济分析比较。因为高效、长寿命光源虽然价格较高,但使用数量减少,运行维护费用降低,如细管径直管荧光灯、紧凑型荧光灯和金属卤化物灯、高压钠灯。三基色荧光灯比卤粉的荧光灯显色性好,光效更高,寿命更长。

17.9.6 系原规范第12.10.5条的修改。

为确保电厂的安全运行和防止船只对取、排水口及码头等构筑物可能造成的危害,本条作出了相应的规定。

17.10 电缆选择与敷设

17.10.1 系原规范第12.11.1条的修改。

本条按现行国家标准《电力工程电缆设计规范》GB 50217的有关规定执行。

17.11 过电压保护与接地

17.11.1 系原规范第12.12.1条的修改。

17.11.2 本条为新增条文。

本条规定了主要生产建(构)筑物、辅助厂房建(构)筑物和生产办公楼、食堂、宿舍楼等附属建(构)筑物,液氨贮罐分别应执行的国家标准。

17.11.3 本条为新增条文。

本条规定了发电厂交流接地系统的设计应执行的国家标准。

17.12 电气试验室

17.12.1 本条为新增条文。

电气试验室的规模可参考现行行业标准《火力发电厂修配设备及建筑面积配置标准》DL/T 5059。

17.12.2 系原规范第12.14.2条的修改。

对企业内的自备发电厂,当企业已经设置了电气试验室时,企业自备发电厂不应重复设置电气试验室。当企业电气试验室不能满足发电厂电气设备的高压试验项目要求时,应按发电厂电气试验要求给予配备。

17.13 爆炸火灾危险环境的电气装置

17.13.1 系原规范第12.15.1条的修改。

17.14 厂 内 通 信

17.14.1 系原规范第11.13.1条~第11.13.3条的修改。

对于小型火力发电厂的行政及调度系统可合并考虑,容量基数适当调整,交换机均考虑采用程控交换机。

17.14.2 系原规范第11.13.4条的修改。

17.14.3 系原规范第11.13.5条的修改。

厂内通信电源与系统通信电源可合并考虑。宜放置在厂内通信部分。

17.14.4 本条为新增条文。

目前许多小型电厂不单独设置通信机房,通信设备安装在电气设备室时,考虑通信屏位要求即可。蓄电池也可与电气蓄电池一并摆放。

17.14.5 本条为新增条文。

通信设备必须有安全可靠的接地系统,接地要求执行国家的有关规程、规范。

17.14.6 本条为新增条文。

17.14.7 本条为新增条文。

17.15 系 统 保 护

17.15.1 系原规范第11.2.1条的修改。

17.16 系 统 通 信

17.16.1 系原规范第11.3.1条的修改。

17.16.2 系原规范第11.3.2条的修改。

本条规定了各专业对通道的要求及通道数量、种类的统计。

17.16.3 系原规范第11.3.3条的修改。

小型发电厂一般不是系统中的重要节点,保证有一路通道接入调度端,除非重要的电厂提供两个通道。

17.16.4 系原规范第11.3.4条的修改。

一般电厂配置一套通信电源及蓄电池。

17.16.5 系原规范第11.3.5条的修改。

为方便电厂运行管理,通信设备宜统一布置、统一管理。

17.17 系 统 远 动

17.17.1 系原规范第11.4.1条的修改。

目前许多电厂远动功能纳入电力系统计算机网控系统或DCS,不再需要设置单独RTU。

17.17.2 系原规范第11.4.2条的修改。

由于不同机组由不同的调度进行调度管理,故应满足相应调度的相关规范。

17.17.3 系原规范第11.4.2条。

发电厂与调度中心之间,随着机组大小的不同,电网对机组的接入有不同的通道方式要求,但应至少有一条可靠的远动通道。

17.17.4 本条为新增条文。

17.18 电能量计量

本节为新增章节。

18 水工设施及系统

18.1 水源和水务管理

18.1.1 本条为新增条文。

为了保证电厂供水水源落实可靠,在选厂阶段应充分考虑当地工农业和生活用水的发展情况。此外,同一水体中常有多个用水户,这些用户现在和将来都在改变着水体的水质、水量和水温等要素,这些改变都将对发电厂的运行产生影响。预先注意并考虑到这种影响,对于保证发电厂的安全经济运行是必需的。

18.1.2 本条为新增条文。

根据国家有关产业政策,在北方缺水地区,新建、扩建发电厂禁止取用地下水,严格控制使用地表水,鼓励利用城市污水处理厂的再生水和其他废水,原则上应建设空冷机组。这些地区的发电厂要与城市污水厂统一规划,配套同步建设。坑口电厂项目首先考虑使用矿井疏干水。鼓励沿海缺水地区利用发电厂余热进行海水淡化。

18.1.3 本条为新增条文。

近年来,越来越多的火电厂利用经处理合格后的城市中水作为补给水源,本条强调有条件时,经充分论证和技术经济比较,发电厂应尽量利用城市再生水水源。此外,工业水采用再生水时,按照有关规定,应设备用水源。

18.1.4 本条为新增条文。

根据国家有关产业政策,坑口电站项目应首先考虑使用矿井疏干水。本条强调应根据矿区开采规划和排水方式,分析可供水量。

18.1.5 系原规范第9.1.3条的修改。

由于河道取水点区间内存在着工农业用水、生活用水和水域生态用水,根据国家有关规定,强调了电厂取水要取得水行政主管部门同意用水的正式文件。

18.1.6 系原规范第9.1.1条的修改。

随着国民经济的迅速发展和人民生活水平的提高,工农业和人民生活用水需求量日益增多,有限的水资源日益紧缺;另一方面,环境保护的要求日趋严格,对废水的处理和排放提出了较高的要求。因此,本条作出了原则性要求,发电厂设计中应对电厂各类用水、排水进行全面规划,综合平衡和优化比较,以达到经济合理、一水多用,综合利用,提高重复用水率,降低全厂耗水指标,减少废水排放量,排水应符合排放标准。

18.1.7 本条为新增条文。

本条是发电厂规划设计的主要原则,强调了水务管理工作中应执行和遵守的有关法律、法规、标准、规定和要求。

18.1.8 本条为新增条文。

本条在我国火力发电厂多年节水经验的基础上参照国内外有关技术标准制定。规定了火电厂设计的节水评价指标。

淡水循环供水系统设计耗水指标按夏季凝汽工况(频率$P=10\%$的气象条件)计算。

表18.1.8中直流供水系统包括了淡水直流供水和海水直流供水系统。

耗水量包括厂内各项生产、生活和未预见用水量等,不包括厂外输水管道损失、供热机组外网损失、临时及事故用水、原水预处理系统和再生水深度处理系统的自用水量以及厂外生活区用水。

各类电厂申请取水指标时,应增加管道损失量和水处理系统的自用水量。

18.1.9 本条为新增条文。

发电厂设计中需控制水量和水质的供、排水系统,装设必要的计量和监测装置是贯彻水务管理的必要措施。

18.2 供 水 系 统

18.2.1 系原规范第9.1.2条的修改。

在选择供水系统时,必须考虑地区水资源利用规划及工农业用水的合理分配关系,正确预计发电厂周边近期与远期供热负荷的变化,根据水源条件和规划容量,通过技术经济比较确定。

18.2.2 系原规范第9.1.4条的修改。

本条增加了空冷系统。

目前国际、国内得到实际应用的电站空冷系统有:直接空冷系统(又称 GEA 或 ACC 系统)、采用混合式凝汽器的间接空冷器(又称海勒系统)、采用表面式凝汽器的间接空冷系统(又称哈蒙系统)共三类。

典型年的选取方法为:先从当地的气象资料找出多年的算术平均气温为 X,然后从最近5年～10年的气象统计资料中的某一年找出其该年算术平均气温 Y,若 $X=Y$,则年算术平均气温为 Y 的那一年即为典型年。

18.2.3 系原规范第9.1.6条的修改。

本条增加了应考虑温排水对取水水温的影响。

18.2.4 系原规范第9.1.7条的修改。

本条规定了在供水系统的最高计算温度时,应采用的气象参数标准、资料年限及气象参数的频率统计方法和取值方法。

18.2.5 本条为新增条文。

气象资料应取得近期5年～10年的典型年"气温一小时"统计资料和近期10年的风频、风速资料。

设计气温的选择方法,目前国内尚无规范、标准可遵循,除5℃以上年加权平均法外,还有年平均气温法、6000h 法、全年发电量最大法等。

5℃以上年加权平均法:在典型年的小时气温统计表上,从5℃开始直到最高值取其加权平均值为设计气温(5℃以下按5℃

计算)。

18.2.6 本条为新增条文。

发电厂一般采用集中水泵房母管制供水系统,但容量较大机组经论证后也可采用扩大单元制供水系统。

18.2.7 系原规范第9.1.5条。

按照"以热定电,热电联产"的原则,热电厂的建设必须以热负荷为根据,其规划、设计和运行应从宏观上求得年节能最多和年费用最小的综合效益。

18.2.8 本条为新增条文。

18.2.9 系原规范第9.1.8条的修改。

发电厂用水水质应能满足设备生产厂的有关技术要求,否则不利于机组的安全运行,当现有水源的水质不能满足要求时,可采取相应处理措施。

悬浮物较多的补充水容易在淋水装置和集水池里沉积,给发电厂的安全运行和检修带来麻烦,冷却塔广泛使用塑料淋水填料后,对水质的要求相应提高,当水中悬浮物含量超过规定值时,宜做预处理。

18.2.10 系原规范第9.1.9条的修改。

本条增加了"必要时应进行数模计算或模型试验",所列因素直接关系到发电厂的投资、经济性和对水域生态的影响。许多实践证明,在工程条件比较复杂的情况下,利用数模计算或模型试验是达到发电厂取、排水口的合理布置和提高经济效益的有效措施。

18.2.11 系原规范第9.1.10条的修改。

为提高自动化水平,减轻工人劳动强度,本条对电动或气动阀门的标准作了规定。

18.3 取水构筑物和水泵房

18.3.1 系原规范第9.2.1条的修改。

据调查,在保证率97%的低水位时,以往大多数电厂仍能满发,少数电厂虽由于水位低,取水量受到限制,但采取措施后仍能达到满发。水泵房按保证率97%低水位校核是有利于发电厂的安全运行。当出现校核低水位时,允许减少取水量,减少的幅度应根据工程和水源的具体情况确定。

18.3.2 系原规范第9.2.2条。

实践证明,地表水的取水构筑物的进水间分隔成若干单间,为清污、设备检修提供了方便。

在有冰凌的河、湖、海水域,宜在取水口前设置拦冰设施或采取排水回流措施提高取水口处的水温。在有大量泥沙的河道、海湾取水时,取水口应避开回流区,并根据取水口处含沙量垂直分布的情况采取减少悬浮物及防止推移质进入的措施。

当水中漂浮物较多时,取水口进口的流速宜小于该区域天然流速,但不宜小于0.2m/s,以免使取水口的造价太高。

18.3.3 系原规范第9.2.3条的修改。

对岸边水泵房±0.00m层标高作出规定,以保证岸边水泵房的安全,也就保证了发电厂的正常供水。

频率为2%的浪高,可采用重现期为50年的波列累积频率1%的波浪作用在泵房前墙的波峰面高度。波峰面高度可按现行行业标准《海港水文规范》JTJ 213的有关规定计算确定。如果在几乎没有风浪的江河上取水时,频率2%浪高这项可取零值。受风浪潮影响较大的江、河、湖旁发电厂,由于没有如海边区域那种的波浪样本,常用风推算浪,此时浪高采用重现期50年的浪爬高。

18.3.4 系原规范第9.2.4条。

有条件时,采用浮船式或缆车式取水设施,可节省取水构筑物的建设费用。

18.3.5 本条为新增条文。

在循环供水系统中有条件时,循环水泵应优先考虑设置在汽机房或其毗屋内,以减少泵房建筑费用和占地,降低工程造价。

18.3.6 本条为新增条文。

据调查,许多大型发电厂循环水泵都采用了露天布置,采用露天布置可节约投资,因此,在大气腐蚀不严重且可采取防冻措施的工程中可考虑水泵露天布置。

18.3.7 系原规范第9.2.5条的修改。

由于小机组规划容量越来越大,考虑到近期和远期的关系及运行灵活性,将原规范容量循环水泵设置3台~4台改为不少于4台。

18.3.8 系原规范第9.2.8条的修改。

由于补给水泵在循环供水系统中的重要地位,以及补给水泵检修工作量大于管道检修的特点,同时考虑了机组的规划容量,补充水泵由原规范的宜设置3台,改为不宜少于3台。既考虑了补给水泵调度的灵活性,又明确了有1台备用水泵,增加的费用有限,有利于电厂的安全运行。

18.3.9 系原规范第9.2.7条的修改。

与海水直接接触的部件中,增加了闸门门槽。增加了涂料、阴极保护防腐措施。

由于泵和阀门属于机械产品,当选用耐海水腐蚀材料时,应与制造厂签订技术协议予以明确。

18.3.10 系原规范第9.2.10条的修改。

本条从保障水泵房安全运行、提供必需的劳动安全卫生条件、减轻工人劳动强度等方面考虑,对水泵房、切换间内设备的安装、运行、检修作出了规定。

当水泵等设备露天布置时,根据工程具体要求可设或不设固定式检修吊车,如不设,需要时采用汽车吊等移动式吊车完成。

18.4 输配水管道及沟渠

18.4.1 系原规范第9.1.11条的修改。

本条规定了达到规划容量时循环进、排水管(沟)不宜少于2条。根据调查了解,已建的发电厂达到规划容量时,绝大多数发电厂为 2 条或 2 条以上的循环进、排水管(沟)。

18.4.2 系原规范第 9.1.12 条的修改。

本条规定了当补给水管设置 1 条时,应考虑蓄水池或其他供水措施作备用,以提高供水的可靠性。一般可采用城市供水或相邻厂矿企业供水作为备用水源,但应落实可靠。当设置蓄水池时,其容量应按补给水管事故所必需的抢修时间计算,抢修时间应根据管长、管材、管径、管路特点、管道敷设条件、道路、运输工具、排除事故的手段以及气候条件等因素确定。一般宜按 8h~12h 考虑。

为节省初期建设费用,可根据工程具体情况,实现分期建设。另外,本条还对采用 2 条补给水管时的单管通流能力作了规定。当每条补给水管不能保证通过 60% 补给水量时,则补给水管之间每隔一定距离需设置联络管和阀门,以便当其中 1 条补给水管局部发生事故时,可利用联络管和阀门进行切换,实现事故管的分段运行,以确保补给水量不少于 60%。

为了节约用水和考核用水指标,本条规定了在补给水总管上及厂内主要用户的接管上应装设水量计量装置。

18.4.3 本条为新增条文。

本条参照了现行行业标准《火力发电厂水工设计规范》DL/T 5339 的有关规定。根据当今新材料的发展,可用于循环水管及补充水管的管材越来越多,钢管并非压力管道最好的管材。循环水管及补充水管管材的选用应通过技术经济比较后确定。对于输送海水的管道以及大口径循环水压力管道,在管线较长时宜采用预应力钢筋混凝土或预应力钢筒混凝土管。

18.4.4 系原规范第 9.1.13 条的修改。

从明渠的施工和运行特点出发,供水明渠应按规划容量一次建成。

18.5　冷 却 设 施

18.5.1 系原规范第 9.3.1 条。

冷却设施的选择受诸多因素的影响，各种冷却设施都有一定的适用范围，但又受其自身特点的限制，除应满足使用要求外，还应结合水文、气象、地形、地质等自然条件，材料、设备、电能、补给水的供应情况，场地布置和施工条件，运行的经济性，冷却设施与周围环境的相互影响，通过技术经济比较确定合适的冷却设施。

目前发电厂运用最广泛的冷却设施是冷却塔。

18.5.2 系原规范第9.3.7条的修改。

水库、湖泊或河道水体作为发电厂的冷却池，可减少水工设施占地和循环水系统的总损失量，能获得较低的冷却水温。当自然条件合适时，尚可减少水工设施的施工工程量。因此，在条件许可时，利用水库、湖泊或河道水面冷却循环水是适宜的。

利用水库、湖泊或河道作为冷却池后，将使水体的自然环境条件发生变化，并对社会的其他生产活动带来一定的影响。在冷却池设计中，还应根据国家的有关标准和规定，充分考虑取水、排水及其建筑物对工农业、渔业、航运和环境等带来的影响，并应同有关方面充分协商，提出解决有关问题的措施方案，取得有关部门出具的书面同意文件。

18.5.3 系原规范第9.3.2条的修改。

机械通风冷却塔初期投资小、建设工期短、布置紧凑占地少、冷却后水温较低、冷却效果稳定，适宜在空气湿度大、气温高、要求冷却后水温比较低的情况下采用，也适应于小型发电厂建设投资少、速度快的特点。但是机械通风冷却塔需要风机设备，运行中要消耗电能，增加了检修维护工作量及运行费。

自然通风冷却塔初期投资较大，施工期较长、占地多，但运行维护工程量少，冷却效果稳定，适用于冷却水量较大的情况。

近年来，随着机械通风冷却塔技术的发展，其设计、制造和运行经验日益成熟，在一些工程中得以采用。因此本条强调了采用何种塔型，应结合工程具体情况，通过技术经济比较后确定。

18.5.4 系原规范第9.3.3条的修改。

本条对冷却塔的布置及间距提出了具体的要求。

18.5.5 系原规范第9.3.4条的修改。

淋水填料是在塔内造成水和空气充分接触进行热交换的关键元件。近年来冷却塔中已全面推广使用塑料淋水填料、除水器、喷溅装置和配水管。为了确保这些塑料部件制品的制造及安装质量,原国家电力公司组织有关单位编制了现行行业标准《冷却塔塑料部件技术条件》DL/T 742,规定了冷却塔内使用的塑料材质的淋水填料、除水器、喷溅装置和配水管等部件有关设计、生产制造、质量检验、安装和运行管理等各个环节的基本要求,在冷却塔设计中应执行该技术条件。

18.5.6 系原规范第9.3.5条的修改。

原条文中冷却塔宜装设除水器改为应装设除水器。这是从节约用水、改善厂区和邻近地区环境条件、缩小冷却塔与附近建(构)筑物的间距以减少厂区占地和降低循环水管(沟)造价等方面考虑,新建的自然通风冷却塔或机械通风冷却塔应装设除水器。

根据冷却塔多年运行实践表明,目前塑料材质的除水器已取代了玻璃钢除水器。

18.5.7 系原规范第9.3.6条的修改。

在寒冷和严寒地区,冷却塔冬季运行中的最大隐患和危害是结冰。冷却塔结冰后,不仅影响塔的通风,降低冷却效果,严重时还会造成淋水填料塌落、塔体结构和设备的损坏。为保证发电厂安全经济运行,设计中应采用合适的防冰措施。

18.5.8 本条为新增条文。

本条规定的目的是为了减小通风阻力,提高冷却效率。

18.5.9 本条为新增条文。

电厂采用空冷系统后,初投资一般增加5%~10%,因此,强调了空冷系统设计应通过技术经济比较后确定空冷系统的形式。

18.5.10 本条为新增条文。

18.5.11 本条为新增条文。

由于空气冷凝器暴露在空气中,直接与周围空气进行热交换,因此环境风场必然会对空气冷凝器的正常运行产生很大影响,特别是风的作用会使空冷系统的换热效率降低,导致汽轮机的背压提高,降低发电效率,极端的情况会导致汽轮机的背压超过安全标准,造成电厂停机。

因此,当风环境比较复杂或电厂周边地形地貌特殊时,为了评估环境对空冷系统造成的影响,应对空冷机组方案进行系统的数模计算或物模试验验证,以弄清风对空冷系统换热效率的影响规律,从而为减少这些不利影响,保证机组满负荷安全、经济运行提出建设性措施,使得最后的实施方案做到科学合理。

18.5.12 本条为新增条文。

本条根据已有工程经验确定。

18.5.13 本条为新增条文。

18.5.14 本条为新增条文。

本条提出了排烟冷却塔在设计时应考虑的主要因素和要求。

排烟冷却塔在欧洲国家已有20多年的运行经验,取得了较好的社会效益。2006年,北京热电厂一期改造工程投运了我国第一座排烟冷却塔,淋水面积3090m^2;2007年,国内自主设计的排烟冷却塔在三河电厂二期工程投运,淋水面积4500m^2。

18.5.15 本条为新增条文。

海水冷却塔是沿海地区节约淡水资源与减低海洋热污染的有效途径,在德国、美国、日本等国家采用较多。由于海水的物理特性与淡水不同,因此本条强调了海水冷却塔的选型与设计应考虑的因素。

18.5.16 本条为新增条文。

当环境对冷却塔的噪声有限制时,视工程具体条件应采取下列措施降低噪声:

1 机械通风冷却塔选用低噪声型的风机设备。

2 改善配水和集水系统,减低淋水噪声。

3 冷却塔周围设置隔音屏障。
4 冷却塔设置的位置远离对噪声敏感的区域。

18.6 外部除灰渣系统及贮灰场

18.6.1 系原规范第9.4.1条的修改。

目前发电厂厂区外的灰渣管大部分沿地面敷设，检修方便，运行情况良好。但有可靠依据证明灰管结垢或磨损不严重时，可以将灰管浅埋于地下，其优点是不占农田，施工简单，节省投资。

18.6.2 本条为新增条文。

关于检修道路的标准，应以简易道路为宜。

18.6.3 系原规范第9.4.3条和第9.4.4条的修改。

近年来，由于环保、节水等要求贮灰场澄清水不能直接外放，灰水考虑回收，故对原条文作局部修改。

18.6.4 本条为新增条文。

灰渣管道的选择应根据灰水性质(灰、渣、灰渣)确定。近十几年来，针对发电厂的除灰管道出现了许多复合管材，如薄壁管内衬铸石管道、衬胶管道、衬塑管道、衬塑胶管道和衬陶瓷管道等，这些管材均已通过权威机构鉴定并推广使用。

18.6.5 本条为新增条文。

18.6.6 本条为新增条文。

由于灰水回收管道发生事故时对电厂生产影响甚微，因而规定了灰水回收管道可以不设备用。

18.6.7 系原规范第9.6.11条的修改。

灰渣综合利用途径越来越广，排入贮灰场的灰渣量越来越少，因此贮灰场的初期容量不宜太大，且应分期、分块建设，以节省工程投资，同时减少土地的占用。

18.6.8 本条为新增条文。

本条系引用了现行行业标准《火力发电厂水工设计规范》DL/T 5339的内容，强调了山谷水灰场堤坝的设计标准。

根据现行国家标准《堤防工程设计规范》GB 50286并参考现行行业标准《碾压式土石坝设计规范》SL 274,将坝体抗滑稳定安全系数的计算工况分为"正常运行条件"和"非常运行条件"。抗滑稳定计算组合工况按现行行业标准《火力发电厂水工设计规范》DL/T 5339执行。

贮灰场堤坝的安全稳定是贮灰场安全运行的关键,一旦失事,其危害较大。

18.6.9 本条为新增条文。

本条系引用现行行业标准《火力发电厂水工设计规范》DL/T 5339的内容,强调了江、河、湖、海滩(涂)灰场围堤的设计标准。

18.6.10 系原规范第9.4.2条的修改。

本条增加了山谷型干灰场截洪、排洪导流的要求。

18.6.11 系原规范第9.6.15条的修改。

1 系第9.6.15.1款的修改。

2 系第9.6.15.2款的修改。

3 系第9.6.15.3款的修改。干灰场运行时,考虑到工作条件较为恶劣,机具零件容易磨损,故障较频繁,为此要求施工机具要有备用。

4 系第9.6.15.4款的修改。

5 系新增条款,由于贮灰场附近一般均有居民和农作物田地,运行机具的噪声及飞灰对其影响较大,因此要求干贮灰场四周应设绿化隔离带,减少灰场运行时噪声及飞灰对周围的影响。

18.7 给水排水

18.7.1、18.7.2 系原规范第9.5.1条和第9.5.2条的修改。

18.7.3 本条为新增条文。

18.7.4 系原规范第9.5.8条的修改。

发电厂生产排水可分为两部分:污染较严重、需经处理后方可排放的部分称作生产污水;轻度污染或水温不高,不需处理即可排放的部分则称为生产废水。

随着对环境保护的日益重视,为消除或减少污染,需对生活污水、生产污水进行必要的处理后方可排放。处理达标后的生产污水可视为生产废水,应尽量重复使用,如果不能重复利用时,对外排放的水质应符合现行国家标准《污水综合排放标准》GB 8978 的规定。

18.7.5 系原规范第 9.5.8 条的修改。

18.7.6 本条为新增条文。

目前,电厂处理含煤废水的方法很多,除常用的有一体化净水器外,还有利用微孔陶瓷滤板进行机械过滤、加药混凝后利用膜式过滤器直接过滤等方法。这些方法在处理效果、运行管理的难易程度和运行成本、初期投资等方面均有差异,设计时需结合工程具体情况,通过技术经济比较后综合考虑确定。

18.7.7 本条为新增条文。

18.8 水工建(构)筑物

18.8.1~18.8.3 系原规范第 9.6.1 条~第 9.6.3 条的修改。

18.8.4、18.8.5 系原规范第 9.6.4 条和第 9.6.5 条。

18.8.6、18.8.7 系原规范第 9.6.6 条和第 9.6.7 条的修改。

18.8.8 系原规范第 9.6.8 条。

18.8.9 系原规范第 9.6.9 条的修改。

水工建筑物(特别是厂外取水构筑物和水泵房)的施工,受自然条件影响较大,施工条件一般比较困难,施工费用较多,因此,应按规划容量统一规划。

当取水构筑物和水泵房不受场地布置和施工等条件的限制,且经济上合理时,则应分期建设,以节省投资。

18.8.10 本条为新增条文。

为保持和改善生态环境,排水口的形式应进行水力模型试验,满足其消能和散热的要求。

18.8.11 本条为新增条文。

本条系引用现行行业标准《火力发电厂水工设计规范》DL/T 5339的有关内容。

为保证干灰场的良好运行和减少天然雨水不受灰渣影响,设置截洪沟以拦截外来洪水是经常采用的防洪措施,但其设计标准不宜太高,以节省工程投资。

18.8.12 本条为新增条文。

本条引用现行行业标准《火力发电厂水工设计规范》DL/T 5339的有关内容。

为了保证灰场安全运行,需要在灰场上游端修建拦洪坝,灰场内底部建输水设施将拦截的上游洪水通过输水设施排至灰场下游,本条规定了上游拦洪坝设计标准及确定坝高的原则性要求。

18.8.13、18.8.14 系原规范第9.6.13条和第9.6.14条的修改。

19 辅助及附属设施

19.0.1 系原规范第 16.0.1 条的修改。

本条强调了发电厂的设计一般不设置金工修配设施,应充分利用社会加工能力。

19.0.2 系原规范第 16.0.2 条的修改。

本条强调了设置检修车间和检修机具的条件,仅限于边远和偏僻电厂。

19.0.3 系原规范第 16.0.3 条。

19.0.4 系原规范第 16.0.4 条的修改。

据调研,目前热电厂大多采用循环流化床锅炉,除灰所需的空气量比较大,化水车间的仪用空气量占一定份额,多数热电厂全厂集中设一个空压机房,分别向各工艺专业用气点供气。

控制用和检修用宜采用同型号、同容量的空气压缩机,控制用和检修用压缩机可以互为备用,以减少备件的品种,提高设备的利用率,同时也保证了压缩空气供气的可靠性。为了防止机组大修时检修用压缩空气耗量过大导致母管压力下降影响控制用压缩空气的质量,从母管引向检修用压缩空气的一端应设动力驱动隔离阀,一旦母管压力低于一定值,联锁关闭该隔离阀,保证控制用压缩空气的质量。

热工控制用气设备的最大连续用气量一般按统计的气动设备耗气量的 2 倍确定。根据调研的电厂反映,目前使用的大多为进口技术的螺杆式空压机,质量可靠,对于 410t/h 级及以下的锅炉,备用一台即可,但贮气罐的容量适当增大。当采用活塞式空气压缩机、且运行台数大于 3 台时,建议备用 2 台。热工控制用储气罐的容量必须满足全厂断电或全部空压机故障安全停机所需的耗气量。空压机台数应考虑下列两个工况：

1 两台机组正常运行，不需要检修用压缩空气时。

2 一台机组正常运行，另一台机组正在检修时。

本条对控制用压缩空气的质量提出了标准和详细规定。

19.0.5 系原规范第16.0.5条的修改。

发电厂设备和管道的保温是一项重要的节能措施。保温好坏直接影响到年运行费用。对高温和中温管道保温材料的最大导热系数和容重作了明确的规定。数值取自现行行业标准《火力发电厂保温油漆设计规程》DL/T 5072。

本条对发电厂设备、管道的保温及其计算方法作了规定。

对于露天的供热蒸汽管道宜采用防潮层，减少热损失。

由于机组容量和参数的提高，垂直管道支撑件的间距作了调整，结构形式分为紧箍承重环和焊接承重环两种。

19.0.6 系原规范第16.0.6条的修改。

据调研，保护层外标识管道的介质名称和流向箭头可满足要求。为了防腐，增加了介质温度低于120℃的管道、设备都应进行油漆的规定。

19.0.7 系原规范第16.0.7条的修改。

20 建筑与结构

20.1 一般规定

20.1.1 系原规范第15.1.1条的修改。

20.1.2 系原规范第15.1.2条的修改。

本条强调了节能、环保要求。

20.1.3 本条为新增条文。

20.1.4 本条为新增条文。

本条明确了规范规定范围内的建（构）筑物主体结构的设计使用年限。

20.1.5 本条为新增条文。

对于不同结构，其安全等级不同。一般情况下，应按现行国家标准《建筑结构可靠度设计统一标准》GB 50068、《混凝土结构设计规范》GB 50010、《钢结构设计规范》GB 50017 的有关规定执行。包括主厂房在内的一般电厂建筑结构的安全等级可取二级。

依据现行国家标准《烟囱设计规范》GB 50051，高度200m及以上的烟囱安全等级为一级。

主厂房钢筋混凝土煤斗、汽机房屋盖主要承重结构、钢筋混凝土悬吊锅炉炉架安全等级为一级。

20.1.6 本条为新增条文。

20.1.7 本条为新增条文。

建筑材料的使用分别受国家、地方政策法规的限制，选择时应充分考虑这些因素。

20.1.8 本条为新增条文。

20.1.9 系原规范第15.1.8条的修改。

厂房结构设置温度伸缩缝，是为了避免由于温差和混凝土收缩使结构产生严重的变形和裂缝。伸缩缝最大间距的取值主要根据设计规范的规定,并结合发电厂特点以及设计经验确定。

20.1.10 系原规范第15.1.17条的修改。

所谓采取防盐雾侵蚀措施,一般指尽可能少用外露钢结构,必须采用时应在钢结构表面加强防腐涂料处理;外露的钢筋混凝土结构应适当增加钢筋保护层的厚度。

20.2 抗 震 设 计

本节为新增章节。

20.2.1 本条为新增条文。

20.2.2 系原规范第15.1.14条的修改。

特别重要的工矿企业的自备发电厂主要指没有备用电源的发电厂及没有备用热源的热电厂,其停电(热)会造成重要设备严重破坏或危及人身安全。

20.3 主厂房结构

本节为新增章节。

20.3.1 系原规范第15.1.12条的修改。

钢筋混凝土结构仍然是小型发电厂优先考虑的结构方案,增加了钢结构方案。

20.3.2 本条为新增条文。

发电厂主厂房屋面结构大多采用屋架及大型屋面板的无檩体系,但因结构自重大,在抗震区对抗震不利。近年来,发电厂主厂房屋面结构采用钢屋架、钢檩条和压型钢板作底模上铺钢筋混凝土现浇板的有檩体系越来越多。故屋面结构采用何种体系,应结合工程特点、施工条件及材料供应等情况来确定。

20.3.3 本条为新增条文。

20.3.4 本条为新增条文。

20.3.5 本条为新增条文。

悬吊式锅炉炉架建议优先采用钢结构,不排除采用钢筋混凝土结构的可能。

20.3.6 本条为新增条文。

本条规定了汽轮发电机基础设计的要求。

20.4 地基与基础

本节为新增章节。

20.4.1 系原规范第15.1.13条的修改。

本条提出了地基与基础设计的总的要求。地基与基础设计首先要以工程地质勘测报告中的建议为主要依据,同时结合工程特点、地区建设经验,采用优化设计方案,以提高设计质量。

20.4.2 本条为新增条文。

主厂房地基设计在一般情况下宜采用同一类型的地基,但也可根据工程的具体地质条件,采用不同的地基形式。如某工程锅炉房采用桩基,而汽机房及除氧煤仓间采用天然地基;另一工程则相反,锅炉房为天然地基,而汽机房及除氧煤仓间则采用桩基。实践证明,厂房不同的结构单元采用不同的地基形式,不仅有效地减少了各单元之间的差异沉降,而且具有明显的经济效果。

20.4.3 本条为新增条文。

地基是建(构)筑物的根基,通过地基承载力、地基变形和稳定性计算,才能保证建(构)筑物的安全。

20.4.4 本条为新增条文。

对于软弱地基,应视建筑物的重要性及其对地基承载力的要求,本着安全、经济的原则,采用不同的人工地基。浅层加固常用的方法有强夯法、强夯置换法、排水固结法、振冲挤密桩、挤密砂石桩、灰土桩、换填置换法等。当浅层加固不能满足设计要求时,软弱地基亦可采用桩基处理。

重要建(构)筑物指主厂房、烟囱、冷却塔、场地和地基条件复杂的一般建(构)筑物。

20.4.5 本条为新增条文。

本条提出了厂房基础的选型意见。

20.4.6 本条为新增条文。

贮煤场地基处理可采用堆煤自预压法、堆载预压法、真空预压法、水泥搅拌桩、碎石桩、高压旋喷桩等。

20.4.7 本条为新增条文。

本条根据现行国家标准《建筑地基基础设计规范》GB 50007—2002第10.2.9条的要求制定。

20.4.8 本条为新增条文。

20.5 采光和自然通风

本节为新增章节。

20.5.1 系原规范第15.3.1条的修改。

为了使厂房内天然采光能保持一定的采光系数,侧窗需经常擦洗和便于洁净;为了节能,主厂房内应避免设置大面积玻璃窗。

20.5.2 系原规范第15.3.1条的修改。

本条以现行国家标准《建筑采光设计标准》GB/T 50033为依据,并结合电厂实际情况,规定了发电厂建筑物天然采光标准。

20.5.3 本条为新增条文。

20.5.4 系原规范第15.3.2条的修改。

20.6 建筑热工及噪声控制

本节为新增章节。

20.6.1 本条为新增条文。

本条提出了建筑热工设计的基本要求。

20.6.2 本条为新增条文。

本条应按照有关标准进行建筑热工设计。

20.6.3 系原规范第15.3.5条的修改。

20.7 防 排 水

本节为新增章节。

20.7.1 本条为新增条文。

20.7.2 系原规范第15.4.2条的修改。

据调查,已建电厂的室内沟道、隧道大部分存在渗、漏水和积水问题,主要原因是设计时没有可靠的防排水措施,因此强调"应有妥善的排水设计和可靠的防排水措施",以保证电厂生产安全。

20.7.3 本条为新增条文。

20.8 室内外装修

20.8.1 系原规范第15.4.6条的修改。

现行国家标准《建筑内部装修设计防火规范》GB 50222对建筑室内外装修有详细的规定。

20.8.2 系原规范第15.4.5条的修改。

20.9 门 和 窗

本节为新增章节。

20.9.1 系原规范第15.4.3条的修改。

对电气建筑物的门窗及墙上的开孔洞部位应采取措施防止小动物的进入,以免影响电气设备的安全运行。

20.9.2 系原规范第15.4.4条的修改。

考虑到有特殊工艺要求的房间,如集中控制室、计算机房、通信室等有隔声、防尘的要求,采用塑钢或铝合金门、窗比较合理。

20.9.3 本条为新增条文。

有侵蚀性物质的化水用房有腐蚀性气体,对金属有腐蚀作用,如采用金属门、窗,应采用防腐型。

20.10 生活设施

20.10.1～20.10.3 系原规范第15.5.1条～第15.5.3条的修改。

20.11 烟　　囱

本节为新增章节。
20.11.1 系原规范第15.6.4条的修改。
20.11.2～20.11.4 系新增条文。

20.12 运煤构筑物

本节为新增章节。
20.12.1 本条为新增条文。
　　当运煤栈桥跨度大于24m时，预应力钢筋混凝土结构受到施工条件、场地要求等种种因素的限制，较难推广，故倾向于其纵向结构采用钢桁架，而栈桥支架仍可选择混凝土结构方案。
20.12.2 系原规范第15.6.5条的修改。
　　我国是个多气候的国家。据调查报告分析，运煤栈桥的形式也有多种，封闭运煤栈桥采用轻型围护结构较为合理。
20.12.3 本条为新增条文。

20.13 空冷凝汽器支承结构

本节为新增章节。
20.13.1 本条为新增条文。
　　本条提出了空冷凝汽器支承结构平面布置的要求。
20.13.2 本条为新增条文。
　　本条规定了空冷凝汽器支承结构的选择形式。
20.13.3 本条为新增条文。

空冷凝汽器主要承重钢结构构件要进行可靠的防腐。

20.14 活 荷 载

20.14.1 系原规范第15.7.1条。

20.14.2 系原规范第15.7.2条的修改。

表20.14.2"火力发电厂主厂房屋面、楼(地)面均布活荷载标准值及组合值、频遇值和准永久值系数"基本上保留原规范的荷载取值。另根据现行国家标准《建筑结构荷载规范》GB 50009,增加可变荷载的频遇值系数、组合值系数。

20.14.3、20.14.4 系原规范第15.7.3条和第15.7.4条的修改。

21 采暖通风与空气调节

21.1 一般规定

21.1.1 系原规范第14.1.1条的修改。

本条规定了集中采暖地区和采暖过渡地区的气象条件。

采暖区的划分是一项比较复杂而且政策性很强的问题,它不仅取决于人民的生活水平和需要,而且受到国家财力和物力的制约,尤其是像我国这样幅员辽阔的发展中国家更应慎重。

对于集中采暖地区的各类建筑物,只要室内经常有人停留或工作,或者工艺对室内温度有一定要求时,均应设集中采暖。

发电厂的热源条件比较方便,有大量的余热可供利用,根据目前的实际情况,我们提出了过渡地区各类建筑物设置集中采暖的条件。应该说明的是,本条特别强调了位于过渡地区的某些生产厂房、某些辅助和附属建筑物,可以按照集中采暖地区的条件设计集中采暖,而并非过渡地区所有的建筑物均要设置集中采暖。就过渡地区而言,气象条件差别仍然很大,所以集中采暖建筑物的种类也因地而异。一般情况下,主厂房属于热车间,在过渡地区不宜设计集中采暖;而对于夜班休息楼、生产办公楼等建筑物需要设计集中采暖;至于发电厂其他辅助及附属建筑物是否设计集中采暖,还应视电厂的室外采暖计算温度和其他因素决定。

21.1.2 系原规范第14.1.2条。

21.1.3 系原规范第14.1.5条的修改。

21.1.4 系原规范第14.1.6条的修改。

采用工业水作为制冷系统的冷却水,是从全厂"一水多用"的水务管理、节省设备初投资和运行费用等几个方面综合考虑后的系统优化意见。

21.1.5 系原规范第 14.1.7 条的修改。

本条为强制性条文。对明火和电采暖器采暖易引起易燃、易爆气体或物料燃烧、爆炸，会危机生产安全和工人生命安全，该建筑物的采暖禁止采用明火和电采暖器。

21.1.6 系原规范第 14.1.8 条。

21.1.7 本条为新增条文。

本条对采暖、通风和空气调节室内设计参数作出了规定。

21.1.8 系原规范第 14.1.10 条的修改。

21.1.9 本条为新增条文。

创造良好舒适的工作和休息环境，有利于人员集中精力、高效率地工作，可避免由于人为的原因造成工作失误所带来的损失。同时，各类控制和管理设备对室内环境也有一定的要求。

21.1.10 本条为新增条文。

对于散热量和散湿量较大的生产车间，在夏季设计自然通风或机械通风时，其作业地带的温度应根据车间的热强度和夏季通风室外计算温度来确定。对作业地带所考虑的是如何维持地面以上 2m 内的空间的温度，在这个区域内允许局部非工作地点，即热源周边一定范围内的温度超过设计允许值。

21.1.11 本条为新增条文。

本条给出了发电厂各类建筑通风设计的基本原则。在确定通风方式时，应根据工艺过程，散发有害物设备的特点，与工艺密切配合，了解生产过程，收集各类有害物生产的数据，结合当地具体条件，因地制宜地确定通风设计方案。

21.1.12 本条为新增条文。

本条给出了有易燃、易爆气体产生车间的通风设计的基本原则。

21.2 主 厂 房

21.2.1～21.2.3 系原规范第 14.2.1 条～第 14.2.3 条。

21.2.4 本条为新增条文。
21.2.5 系原规范第 14.2.4 条。
21.2.6 本条为新增条文。

随着科学技术的发展,控制仪表和元件对环境的要求不断降低,室内的温度和湿度的要求已接近人对温度和湿度的要求。随着生活水平的提高,人对环境的要求却在不断提高,集控楼内空调多为集中空调,相邻的值班室、办公室和工程师室在有条件的情况下宜设空调,以改善工作环境,提高工作效率。

21.2.7 本条为新增条文。

在确定真空清扫设备和管网时,应根据技术论证合理配置;在选择设备时应注意海拔高度对真空设备能力的影响。

21.3 电气建筑与电气设备

21.3.1 系原规范第 14.3.1 条的修改。
21.3.2 本条为新增条文。

随着科学技术的进步,电子计算机和电子设备对环境的温度、湿度已具备较强的适应能力,但从符合人体卫生舒适的"等效温度"以及对电子设备防尘的角度考虑,对环境的温度、湿度、新风量以及室内洁净度均应有一定的要求。因此,对上述房间应采取空气调节措施。本条规定了集中空调系统空气处理设备配置的基本原则。

21.3.3 系原规范第 14.3.2 条～第 14.3.5 条的合并修改。

目前发电厂蓄电池主要采用密封免维护铅酸蓄电池,根据生产厂家提供的资料要求环境温度不超过 30℃,环境温度过高对蓄电池寿命有影响。同时,免维护蓄电池在充电过程中有少量氢气释放,因此,蓄电池室的空调应采用直流式,室内空气不允许再循环。

21.3.4 本条为新增条文。

对炎热高湿地区的电子设备间内,尤其是设有高压开关柜和设有干式变压器的配电间,室内环境温度过高是多年来普遍存在的问题,通风系统应根据对送入房间的空气采取降温措施。一般电气设备的环境最高允许温度不超过40℃,故规定不宜高于35℃作为设计温度。

21.3.5 系原规范第14.3.6条的修改。

目前发电厂厂用变压器主要使用干式变压器,油浸式变压器使用的较少,而干式变压器与油浸式变压器对最高环境温度要求不一样,故对两种变压器室的通风方式分别规定。

21.3.6～21.3.8 系原规范第14.3.7条～第14.3.9条的修改。

21.3.9 系原规范第14.3.11条的修改。

现在的发电机出线小室没有油断路器设备,取消了原条文中的油断路器。

21.3.10 系原规范第14.3.13条。

21.3.11 本条为新增条文。

主要强调通风、空调系统所采取的防火措施,除考虑自身的防火排烟功能外,还应考虑电气建筑和电子设备间的消防设施的性质,注意和相关专业之间的协调一致。

21.4 运煤建筑

21.4.1 系原规范第14.4.1条的修改。

在采暖过渡地区,运煤建筑物内仍有冰冻可能,使运煤胶带打滑,为了保证胶带正常运行,碎煤机室及转运站可在运煤带式输送机头部及尾部设置局部采暖。

21.4.2、21.4.3 系原规范第14.4.2条和第14.4.3条。

21.4.4 系原规范第14.4.4条的修改。

发电厂运煤系统的地下卸煤沟、运煤隧道、转运站等夏季室内阴冷潮湿,运行时煤尘飞扬,劳动条件很差,因此,规定应有通风除尘设施。

对采暖地区应结合通风、除尘方式根据热、风平衡计算热补偿量,以满足环境温度不低于5℃。

21.4.5 系原规范第14.4.5条的修改。

21.5 化 学 建 筑

21.5.1~21.5.8 系原规范第14.5.1条~第14.5.8条的修改。
21.5.9 本条为新增条文。
21.5.10 本条为新增条文。

本条对本节未涉及的其他化学建筑规定了通风原则。

21.6 其他辅助及附属建筑

21.6.1 本条为新增条文。
21.6.2 系原规范第14.6.2条的修改。
21.6.3 本条为新增条文。

本条规定了空压机房的采暖、通风原则。

21.6.4 系原规范第14.6.1条。

21.7 厂区制冷、加热站及管网

21.7.1 系原规范第14.7.1条。
21.7.2 系原规范第14.7.2条~第14.7.3条的修改。

本条明确厂区加热站的设备容量和台数按照第13.9节热网加热器及其系统的原则确定。

21.7.3 系原规范第14.7.4条。
21.7.4 系原规范第14.7.5条的修改。

本条明确了厂区采暖热网补给水及定压方式的原则。

21.7.5~21.7.8 系原规范第14.7.6条~第14.7.9条。
21.7.9~21.7.11 系新增条文。
21.7.12 本条为新增条文。

本条规定了人工冷源的选择原则,在新建电厂的初期,没有可靠的蒸汽汽源,不宜采用溴化锂吸收式冷水机组。

21.7.13 本条为新增条文。

本条规定了制冷机组的配置原则。制冷设备的配置应尽可能地适应空调系统冷负荷随季节变化,如果机组单机容量过大,存在不易调节、经济性较差的问题。

1 对压缩式冷水机组,考虑使用灵活,便于能量调节,在空调冷负荷较低时,能够起到互相备用的作用,故规定按 $2\times75\%$ 或 $3\times50\%$ 选型。

2 溴化锂吸收式冷水机组运行一段时间后,在蒸发器、吸收器、冷凝器的换热管的内壁会逐渐形成一层污垢,污垢积得越多,热阻越大,使传热工况恶化,制冷量下降。因此,在选择设备时,单台制冷量应增加 10% 作为裕量。溴化锂冷水机组与压缩式冷水机组相比,运行可靠,故障率低,可不考虑设备的备用。

3 其他形式冷水机组主要指模块式、空冷式冷水机组等,整体式空调机组主要指柜式空调机组和屋顶式空调机组。对模块式和空冷式冷水机组,由于设备本身具有互为备用的功能,因此仅考虑设备容量的备用即可,而整体式空调机组则应考虑设备的备用。

21.7.14 本条为新增条文。

22 环境保护和水土保持

22.1 一般规定

22.1.1、22.1.2 系原规范第17.1.1条和第17.1.2条的修改。

近年来,环境问题已成为制约我国社会经济发展的突出问题,为了保护生态环境,实现可持续发展,国家加强了环保的管理力度,制定了一系列的法律、法规、政策和标准。各省、自治区和直辖市也根据本地区的具体情况,相应颁发了地方性的法规和政策。发电厂的设计必须遵循保护环境的指导思想,贯彻国家环境保护的法律、法规及产业政策以及地方制定的有关规定。

现行建设项目环境保护法律、法规主要有:《中华人民共和国环境保护法》,《中华人民共和国大气污染防治法》,《中华人民共和国水污染防治法》,《中华人民共和国环境噪声污染防治法》,《中华人民共和国固体废物污染环境防治法》,《中华人民共和国海洋环境保护法》,《中华人民共和国清洁生产促进法》,《中华人民共和国循环经济促进法》,《中华人民共和国节约能源法》,《中华人民共和国水土保持法》,《中华人民共和国环境影响评价法》,《建设项目环境保护管理条例》。

国家环境保护行政主管部门根据国家产业政策和社会经济条件制定了相关的环境质量标准和污染物排放标准。

各省、自制区、直辖市地方政府对国家污染物排放标准中未作规定的项目,可以制定地方污染物排放标准;对国家污染物排放标准中已有的项目,也可根据本地环境质量要求,制定严于国家污染物排放标准的地方排放标准。

凡是在已有地方污染物排放标准的区域内建设的发电厂,应当执行地方污染物排放标准。

第22.1.2条新增了在施工建设期要防止对生态造成破坏的内容。

22.1.3 系原规范第17.1.3条的修改。

《中华人民共和国清洁生产促进法》于2003年1月1日施行,国家对浪费资源和严重污染环境的落后技术、工艺、设备和产品实行限期淘汰制度。要求企业在进行技术改造过程中采取清洁生产措施。

22.1.4 本条为新增条文。

本条提出了对废弃物处理的原则要求。

22.1.5 本条为新增条文。

国家计委、国家经贸委、建设部、国家环保总局于2000年1月1日以计基础〔2000〕1268号文发布了《关于发展热电联产的规定》。要求热电联产项目审批时,热电厂、热力网、粉煤灰综合利用项目应同时审批、同步建设、同步验收。

22.1.6 系原规范第17.1.4条的修改。

22.2 环境保护和水土保持设计要求

22.2.1 系原规范第17.2.1条～第17.2.3条的修改。

根据《中华人民共和国水土保持法》,新增了水土保持方案的有关内容和要求。

22.3 各类污染源治理原则

22.3.1 本条规定了大气污染防治的有关内容。

1 系原规范第17.3.1条的修改。

发电厂排放的大气污染物应符合国家颁发的有关现行的排放标准,二氧化硫属于总量控制项目,二氧化硫排放量除应符合排放标准要求外,还要符合总量控制的要求。

2～4 系新增条款。

根据我国目前的技术装备水平和环保标准要求,并根据煤质条件，发电厂除尘器宜采用布袋除尘器、电袋除尘器和电气除尘器。

对于小机组脱硫系统应结合工程的具体特点，选用环保管理部门认可的、运行可靠的、二氧化硫排放能稳定达标的技术方案。

5 系原规范第17.3.3条的修改。

为避免不利气象条件下烟气下洗造成局部地面污染，烟囱高度应高于锅炉房或露天锅炉炉顶高度的2倍～2.5倍。

当发电厂邻近机场对烟囱高度有限制时，应采用合并烟囱，增加热释放率，提高烟气抬升高度的方式，达到环境质量标准和排放标准要求。

6 本款为新增条款。

本款增加了对粉尘无组织排放控制的要求。

22.3.2 本条为废水治理的有关规定。

1 系原规范第17.3.5条的修改。

根据清洁生产原则，电厂设计应减小对水资源的消耗量，减少废水、污水产生量，对处理达标的废水、污水应积极回收利用。

3 系原规范第17.3.6条的修改。

发电厂的废水处理宜采用清污分流、分散处理、达标集中排放的原则。可根据不同废水、污水的污染因子，采取有针对性的处理方案，避免各类废水、污水混合后导致污染物成分复杂、处理难度大、污水处理设施投资高等问题。企业自备发电厂的废水、污水可送入企业的污水处理厂集中处理，避免重复投资建设。

4 系原规范第17.3.7条的修改。

发电厂的废水、污水排放口不宜多于2个，排放口应有取样监测的条件，并装有流量计。对于废水在线监测装置可根据环境影响评价的要求确定是否设置。

5 系原规范第17.3.8条的修改。

脱硫废水一般不允许外排，处理后可用于干灰调湿、灰场喷洒等，在厂内消耗掉；直流循环温排水排水口位置的设置应根据环境影响评价确定。

22.3.3 本条规定了固体废物治理及综合利用的有关内容。

1 本款为新增条款。

灰渣综合利用可以节约资源,变废为宝,保护环境,热电联产机组要求灰渣应全部综合利用,目前粉煤灰用于生产建材和筑路较多;脱硫系统产生的固体废物根据脱硫方案的不同而有所不同,一般也可用于建材生产,但现阶段综合利用情况不太好,大多运往灰场单独存放。

2 本款为新增条款。

发电厂灰渣由于浸出液中 pH 值超标属于第Ⅱ类一般工业固体废物,灰场设计应根据现行国家标准《一般工业固体废物贮存、处置场污染控制标准》GB 18599 的要求采取防渗处理,灰场界距居民集中区要有 500m 以上。

22.3.4 本条规定了噪声防治的有关内容。

1、2 系原规范第 17.3.12 条和第 17.3.13 条的修改。

控制工程噪声对环境的影响,有从声源上根治噪声和从噪声传播途径上控制噪声两种措施。发电厂的噪声应首先从声源上进行控制,选择符合国家噪声控制标准的设备。

对于声源上无法控制的生产噪声可采用对设备装设隔声罩、对外排汽阀装设消声器、在建筑物内敷设吸声材料等措施控制噪声。

3 本款为新增条款。

在总平面布置上应注意厂界周边的情况,如冷却塔等噪声设备或设施应尽量远离厂界外的敏感点,根据环境影响评价的要求采取噪声治理措施。

22.4 环境管理和监测

22.4.1 系原规范第 17.4.3 条。

按照国家有关规定,发电厂应设有环保监测基层站,负责本企业的环保监测工作。从目前实际情况来看,发电厂环保监测站往往与化水试验室合并,并备有环保监测分析所需仪器,负责环保取样监测工作。对于总装机容量小于50MW的发电厂可配置必要的监测仪器,并可委托地方环保部门的监测机构定期进行监测。

22.4.2 系原规范第17.4.2条。

22.4.3 本条为新增条文。

22.4.4 本条为新增条文。

发电厂的排污口主要有废气、废水、固体废物、噪声排放口等。排放口要有明确的环保图形标志、监测取样条件。

22.5 水 土 保 持

本节为新增章节。

22.5.1 火力发电厂水土保持措施设计应符合现行国家标准《开发建设项目水土保持技术规范》GB 50433的要求,主要水土保持措施应包括发电厂的防洪工程、阶梯布置的防护工程、护坡工程、土地整治、灰场的灰坝、排洪设施等工程措施和施工期的临时拦挡、临时覆盖、临时排水等临时防护措施,以及项目建设区的植物防护措施。

23 劳动安全与职业卫生

23.1 一般规定

23.1.1 本条为新增条文。

改善劳动条件,保护劳动者在生产过程中的安全和健康是我国的一项重要政策,随着社会经济活动日趋活跃和复杂,特别是经济成分、组织形式日益多样化,我国的安全生产问题越来越突出。党中央、国务院一贯高度重视安全生产工作,新中国成立以来特别是改革开放以来制定了一系列的法律、法规,加强安全生产工作。

1982年《中华人民共和国宪法》中明确规定"加强劳动保护、改善劳动条件",这是有关安全生产方面最高法律效力的规定。

《中华人民共和国劳动法》中明确规定"劳动安全卫生设施必须符合国家规定的标准。新建、改建、扩建工程的劳动安全卫生设施必须与主体工程同时设计、同时施工、同时投入生产和使用"。

《中华人民共和国安全生产法》明确提出安全生产工作方针为"安全第一、预防为主";"生产经营单位新建、改建、扩建工程项目的安全设施,必须与主体工程同时设计、同时施工、同时投入生产和使用。安全设施投资应纳入建设项目概算"。

《中华人民共和国职业病防治法》提出"职业病防治工作坚持预防为主、防治结合的方针,实行分类管理、综合治理"。

发电厂的设计应认真贯彻国家安全生产的法律、法规的要求。

23.1.2 本条为新增条文。

与劳动安全和职业卫生相关的现行法律、条例、国家标准和行业标准如下:

1 法律:

《中华人民共和国安全生产法》(2002年11月1日施行);

《中华人民共和国劳动法》(1995年1月1日施行);

《中华人民共和国电力法》(1996年4月1日施行);

《中华人民共和国防洪法》(1998年1月1日施行);

《中华人民共和国消防法》(1998年9月1日施行);

《中华人民共和国职业病防治法》(2002年5月1日施行)。

2 条例:

国务院第393号令《建设工程安全生产管理条例》(2004年2月1日实施);

国务院第549号令《特种设备安全监察条例》(2009年5月1日实施);

国务院第591号令《危险化学品安全管理条例》(2011年12月1日实施)。

3 国家标准:

《生产设备安全卫生设计总则》GB 5083;

《生产过程安全卫生要求总则》GB 12801;

《民用建筑设计通则》GB 50352;

《建筑内部装修设计防火规范》GB 50222;

《爆炸和火灾危险环境电力装置设计规范》GB 50058;

《火力发电厂与变电站设计防火规范》GB 50229;

《粉尘防爆安全规程》GB 15577;

《储罐区防火堤设计规范》GB 50351;

《安全色》GB 2893;

《安全标志及其使用导则》GB 2894;

《3～110kV 高压配电装置设计规范》GB 50060;

《建筑物防雷设计规范》GB 50057;

《工业企业噪声控制设计规范》GBJ 87;

《工业企业设计卫生标准》GBZ 1;

《工作场所有害因素职业接触限值》GBZ 2.1、GBZ 2.2;

《采暖通风与空气调节设计规范》GB 50019;

《交流电气装置接地设计规范》GB 50065。

4 行业标准：

《火力发电厂劳动安全和工业卫生设计规程》DL 5053；

《高压配电装置设计技术规程》DL 5352；

《电力工业锅炉压力容器监察规程》DL 612；

《交流电气装置的过电压保护和绝缘配合》DL/T 620。

23.1.3 本条为新增条文。

发电厂劳动安全基层监测站、安全教育室用房、仪器设备的配备可参照现行的《电力行业劳动环境检测监督管理规定》、《火力发电厂辅助、附属及生活福利建筑面积标准》DL/T 5052 等有关标准、规范的规定执行。

23.2 劳 动 安 全

23.2.1 本条为新增条文。

根据《中华人民共和国安全生产法》，对高危行业的建设项目应进行安全生产评价。国家发展和改革委员会、国家安全生产监督管理局《关于加强建设项目安全设施"三同时"工作的通知》（发改投资〔2003〕1346 号）中明确规定"对矿山建设项目和生产、储存危险物品、使用危险化学品等高危险行业的建设项目以及具有较大安全风险的建设项目，建设单位在进行项目可行性研究时，应对安全生产条件进行专门论证，委托安全评价中介机构进行安全生产评价，对建设项目安全设施的安全性和可操作性进行综合分析，提出安全生产对策的具体方案"；《关于进一步加强建设项目（工程）劳动安全卫生预评价工作的通知》（安监管办字〔2001〕39 号）规定"新建、改建、扩建的工程建设项目，必须进行劳动安全卫生预评价，以保障安全生产设施与主体工程同时设计、同时施工、同时投产使用，不给安全生产工作留下隐患"。

23.2.2 本条为新增条文。

一般应从自然与环境因素、主要危险有害物质、生产过程危险有害因素、人力与安全管理、重大危险源辨识等方面对危险、有害因素进行辨识。可根据系统工艺流程对危险区域进行划分。

23.2.3、23.2.4 系新增条文。

防火分区、防火间距、安全疏散等具体的防火设计应按照现行国家标准《火力发电厂与变电站设计防火规范》GB 50229 的要求执行。

23.2.5 系原规范第18.2.1条的修改。

发电机、变压器、变电站、配电室及厂内各种电气设备、设施、电缆等,因故障、误操作、短路、雷击等原因均可引发人身触电伤害、设备损坏、仪表失灵、系统破坏等危险。带电设备的安全防护距离及防电伤、防直击雷设计要符合现行的有关标准、规范的要求。

23.2.6 系原规范第18.2.2条~第18.2.6条的修改。

发电厂有许多传动、转动设备,机械伤害是一种常见的人身伤害事故,为保护运行人员的安全,应切实做好这方面的防护工作。机、炉、煤、灰、水、化各车间机械设备传动装置的联轴器部分,运煤系统的皮带转动部分,送风机、吸风机靠背轮都要装设防护罩。为防止运行人员接触运煤胶带,输送机的运行通道侧应加设防护栏杆,跨越胶带处设人行过桥。在输送机头部、尾部、中部可装设事故按钮,并应沿带式输送机全长设紧急事故拉线开关及报警装置。

为防止坠落、磕、碰、跌伤等意外伤害事故发生,保护工作人员的安全,在井、坑、孔、洞或沟道等有坠落危险处应设防护栏杆或盖板,防护栏杆高度应符合有关规范要求。

23.2.7 本条为新增条文。

主要为防止厂区交通事故造成的人身伤害。

23.2.8 本条为新增条文

根据《中华人民共和国安全生产法》第二十八条,生产经营单位应当在有较大危险因素的生产经营场所和有关设施、设备上设置明显的安全警示标志。工作场所的安全标志和安全色设置应按照现行国家标准《安全标志及其使用导则》GB 2894、《安全色》GB 2893 的有关规定具体落实。

23.3 职业卫生

23.3.1 本条为新增条文。

《中华人民共和国职业病防治法》中规定,新建、扩建、改建建设项目和技术改造、技术引进项目可能产生职业病危害的,建设单位在可行性论证阶段应当向卫生行政部门提交职业病危害预评价报告。职业卫生设计应以预评价报告为依据,落实各项防护要求。

23.3.2 本条为新增条文。

危害因素一般包括物理因素和化学因素。物理因素主要指电磁场辐射、高温、噪声、振动等;化学因素主要指粉尘、有毒有害物质;应结合电厂的实际情况,依据《工作场所有害因素职业接触限值》GBZ 2.1、GBZ 2.2 的规定进行分析。

23.3.3 系原规范第 18.3.1 条和第 18.3.2 条的修改。

煤尘防治应首先堵住产生煤尘的源头。绞龙的密封、导煤槽出口加挡帘、减小落差、控制皮带速度可减少煤尘的产生;对原煤采取加湿的办法,适当提高其表面水分,是当前防止煤尘飞扬的有效措施。对运煤系统的各落煤点安装除尘器。对贮煤场应设置覆盖整个煤堆表面的喷洒设施。采用喷雾加湿和地面水力清扫等也是煤尘综合防治的有效措施。煤尘综合防治的各项措施应符合现行行业标准《火力发电厂运煤设计技术规程 第 2 部分:煤尘防治》DL/T 5187.2 的要求,并应符合现行国家标准《工业企业设计卫生标准》GBZ 1、《工作场所有害因素职业接触限值》GBZ 2.1、GBZ 2.2 的要求。

目前,采用气力除灰系统的电厂越来越多,由于粉煤灰成分中游离二氧化硅含量高、粒径小,对人体危害严重。气力除灰系统要密闭运行,灰库应设有袋式除尘器,干灰场应有喷洒碾压设备。

23.3.4 系原规范第 18.3.3 条的修改。

23.3.5 系原规范第18.5.1条和第18.5.2条的修改。

发电厂的高噪声设备主要集中在主厂房内及运煤系统的转动、传动部件和筛碎设备。应从声源上进行控制,选用噪声低、振动小的设备。对不能根除的生产噪声,可采取有效的隔声、消声、吸声等控制措施,以降低噪声危害。

23.3.6 系原规范第18.4.1条和第18.4.2条的修改。

发电厂的地下卸煤沟、运煤隧道、地下转运站等地下建筑物内部,一般较阴冷、潮湿,故应采取防潮设施,以改善劳动条件,保护工人身体健康。

23.3.7 系原规范第18.2.8条和第18.2.9条的修改。

23.3.8 本条为新增条文。

职业病警示标识可以提醒、警示工作人员工作场所可能存在的职业危害,要采取相应的防护措施。警示标识的具体设置应按照《工作场所职业病危害警示标识》GBZ 158的有关规定执行。

24 消 防

本章为新增章节。